本书由陕西省一流学科建设项目
（西安理工大学-水利工程）资助

单裂隙辐向渗流与剪切耦合特性研究

谈　然　柴军瑞　曹　成　杨金宝　著

U0268283

黄河水利出版社
·郑 州·

内 容 提 要

本书主要对类砂岩单裂隙辐向渗流与剪切耦合特性展开研究。全书共6章:第1章绪论,介绍了国内外单裂隙剪切与渗流耦合特性的研究现状;第2章相似类砂岩材料研究,阐述了以高强度石膏为相似材料及制备类砂岩试件的方法;第3章辐向渗流立方定律及水流流态分析,分析了剪切过程中不同水压下单裂隙辐向渗流的运动规律,修正了粗糙裂隙辐向渗流立方定律并进行了验证,同时基于Forchheimer公式和Izbash公式,宏观探讨了高水压作用下剪切过程中辐向渗流非线性机制;第4章裂隙结构面接触率及接触形式对渗流的影响规律,研究了光滑裂隙接触率和接触形式对渗流的影响规律,修正了光滑裂隙的辐向渗流立方定律公式;第5章裂隙面破坏后的水力学特性研究,揭示了剪切过程中不同法向压力对裂隙充填物的影响规律,提出了考虑充填物粒径和法向压力的渗流模型;第6章结论与展望。

本书可供水工结构工程、岩土工程、土木工程、水文地质、工程地质等方面的专业技术人员参考,也可作为高等院校相关专业大学生和研究生的参考用书。

图书在版编目(CIP)数据

单裂隙辐向渗流与剪切耦合特性研究/谈然等著. —郑州:黄河水利出版社,2019.10
　　ISBN 978-7-5509-2540-3

　　Ⅰ.①单… Ⅱ.①谈… Ⅲ.①水工结构-水工模型试验 Ⅳ.①TV32

中国版本图书馆 CIP 数据核字(2019)第 237025 号

出 版 社:黄河水利出版社　　　　　　　　　　网址:www.yrcp.com
　　　　地址:河南省郑州市顺河路黄委会综合楼 14 层　　邮政编码:450003
发行单位:黄河水利出版社
　　　　发行部电话:0371-66026940、66020550、66028024、66022620(传真)
　　　　E-mail:hhslcbs@126.com
承印单位:广东虎彩云印刷有限公司
开本:787 mm×1 092 mm　　1/16
印张:8.75
字数:152 千字　　　　　　　　　　　　　　印数:1—1 000
版次:2019 年 10 月第 1 版　　　　　　　　　印次:2019 年 10 月第 1 次印刷

定价:46.00 元

前　言

人类不断改造并适应生存环境。人类在工程活动、生产与建设过程中不可避免会遇到裂隙岩体。随着地下工程的兴起，裂隙的渗流特性日益成为岩体水力学等研究领域的热点。单裂隙作为岩体裂隙网络的基本单元，决定了地下水在岩层中的基本渗透特性。

天然条件下的岩体主要由完整的岩石及裂隙节理组成，一般岩石变形小、渗透系数低，裂隙则作为岩体破坏、变形的主要部位以及渗流主要通道。裂隙岩体渗流与岩体其他分析密切相关，工程中裂隙岩体往往处于复杂应力状态下，并且辐向渗流是地下水渗流的主要形态之一，因此清楚准确地描述单裂隙辐向渗流与剪切耦合特性对工程的建设及安全运行有着重要的意义。

全书共6章：第1章绪论，分析了单裂隙渗流与应力耦合的研究意义，阐述了目前国内外关于单裂隙渗流与应力耦合的研究现状。第2章相似类砂岩材料研究，制备了以高强度石膏为相似材料的类砂岩试件。以相似三定理为基础，以高强度石膏为研究对象，调配出满足砂岩各项物理力学参数的类砂岩材料，并进行了辐向渗流与剪切耦合测试试验。结果表明所制备的类砂岩结构面满足辐向渗流与剪切耦合试验的要求。第3章辐向渗流立方定律及水流流态分析，推导了剪切过程中考虑不同水压影响的粗糙裂隙辐向渗流立方定律，并进行修正。以结构面发生破坏为分界点，结合数值模拟与试验结果分析了立方定律与试验结果之间产生误差的原因。Forchheimer公式及Izbash公式都能很好的从宏观角度分析剪切过程中不同水压作用下水流的非线性变化过程，结果显示在剪切破坏过程中水流的非线性程度都会有所降低。第4章裂隙结构面接触率及接触形式对渗流的影响规律，探讨了不同水压下接触率对光滑裂隙辐向渗流的影响。接触率的增加会降低裂隙的渗透性，且在相同接触率下，渗流通道曲折的接触形式会更有利于降低裂隙的渗透性，基于此推导出考虑接触率影响的光滑裂隙的辐向渗流立方定律。第5章裂隙面破坏后的水力学特性研究，揭示了剪切过程中不同法向压力对裂隙充填物的影响规律，提出了考虑充填物粒径和法向压力的渗流模型。对类砂岩裂隙展开不同法向压力、不同剪切速度和不同裂隙面组合的辐向渗流与剪切试验，分析了不同条件对裂隙面的破坏状态和隙宽变化的影响。第6章结论与展望，研究结果表明隙宽和流量随法向压力的增加而减小,随充填物的产生而增大,同时充填物粒径随着法向压力的增加而减小。

本书由谈然、柴军瑞、曹成、杨金宝撰写。其中,谈然撰写第1章,第2章,第3章第3.1至3.4节,第4章第4.1、4.2节,第5章,第6章;曹成撰写第3章第3.5至3.7节;杨金宝撰写第4章第4.3、4.4节,柴军瑞负责统稿。本书的顺利出版要感谢西安理工大学许增光教授、钱武文博士、魏毅萌博士、罗吉鹏硕士的指导与帮助,感谢杨荣博士、常晓珂博士、王宇硕士、吕宗桀硕士的大力支持。在本书的编写过程中,参考和引用了国内外学者的相关研究成果,在此由衷感谢。

本书得到国家自然科学基金项目(51679197)、陕西省特支计划科技创新领军人才项目(104-425919041)、陕西省一流学科建设项目(西安理工大学-水利工程)联合资助。

目前,单裂隙渗流与应力耦合是一门正在发展的研究课题,许多理论及应用还需不断完善。受作者知识面及经验的限制,书中难免有不足之处,恳请有关同行及读者批评指正。

作 者

2019 年 8 月

目　录

第 1 章　绪　　论

1.1　研究意义

自然界中的岩体由完整岩体及非连续结构面组成。完整岩体的渗透系数极小，一般认为渗流仅在非连续结构面中进行[1]。这些非连续结构面包括节理、断层、裂隙和滑动面等地质构造[2]。岩石裂隙的抗剪强度很低，裂隙面受到外力作用产生变形，导致隙宽改变，直接影响岩体的渗透性，使得裂隙中的渗流场重新分布；水在岩石裂隙中渗流，会产生一定的渗透水压力，使已有的裂隙扩展或贯通，发生水力劈裂现象，并且长期的渗流会对裂隙结构面造成侵蚀，导致结构面变形或破坏。这种相互影响即渗流与应力的耦合作用[3]。

裂隙岩体的渗流与应力耦合作用影响了许多大型岩体工程的设计、施工甚至是运营期间的稳定性。1963 年，263 m 高的意大利 Vajiont 拱坝在蓄水时左岸发生大型滑坡，事故引起的涌浪造成 2 500 人死亡。事故发生的主要原因之一是左岸岩体内含有大量的黏土夹层，形成不稳定的滑动面，强降雨和较高的库水位使岩体所受浮托力增大，降低了摩擦阻力，从而导致滑坡。1969年，梅山铁矿在基建阶段，由于未查明的大型张性裂隙突水导致淹井停产。矿体顶板上常覆有大量的不完整岩体，如断层、节理、裂隙、熔岩等，随着矿石的开采和采场范围扩大，矿体上部岩体应力松动范围可以达到地表，致使上覆岩体不断松散、坍塌、破碎。当遇到降雨，激发了泥石流的产生，酿成灾难。2000年，西藏易贡藏布江由于山体积雪融化渗入山体，左岸花岗岩山体吸水，水流渗入岩体裂隙，使岩体原应力失衡，造成 3 亿 m³ 大滑坡。2003 年，上海 4 号线联络通道发生流沙涌水，造成地面沉降，塌陷区最深达 4 m，建筑物倾斜，30 m 防汛墙倒塌，70 m 防汛墙严重破坏，事故原因是忽视了裂隙承压水对施工的影响。2015 年 11 月，巴西淡水河谷公司位于米纳斯吉拉斯州马里亚纳市附近一座尾矿库溃坝，6 000 万 m³ 废料泄漏，造成 19 人死亡。经调查事故原因是变更了大坝设计，导致砂土排水效率降低。不幸的是，2019 年 1 月淡水河谷公司再一次发生溃坝事故，死伤或超百人，事故原因还在调查。2019 年 7月，贵州水城因强降雨造成特大山体滑坡，致使 42 人死亡，9 人失联。同时据资料统计[4],30%～40%的水电工程大坝失事是由渗透破坏引起的,60%的矿井事故与地下水作用有关,90%以上的岩体边坡破坏与地下水渗流有关。随着我国经济建设持续快速发展和人民物质水平的提高,分析和研究裂隙岩体的水力学特性不仅成为水工结构、水文地质、岩石力学等许多学科和工程领域的重要课题,也是深部采矿、油气开采、地下空间开发、二氧化碳及核废料地下填埋等工程非常关注的问题。裂隙岩体水力学是解决地下水渗流与裂隙岩体耦合问题的理论基础[5]。

如图 1-1 所示,自然界中裂隙岩体所处的环境十分复杂,在历史沉积和应力的影响下,裂隙间的空隙不仅是渗流的主要通道,还会存在岩石碎块和形成充填物。在压剪应力及渗流的作用下,充填物很容易形成泥化夹层,影响结构的稳定性。因此,裂隙间的渗流问题一直是较为复杂的研究课题。国内外研究者们通过数学推演、室内模型试验或数值模拟的方法,不断研究分析裂隙中的渗流规律。其中,立方定律成为目前分析裂隙中水流运动规律的基本理论:光滑平行裂隙间的流量与水力开度呈三次方关系。但立方定律适用条件有限,仅能描述光滑裂隙中水流在低速层流条件下的渗流规律。

由于裂隙粗糙性的存在,使得裂隙在剪切作用下会发生剪胀现象[6],从而引起裂隙隙宽和接触区域的改变,裂隙间水流的流动状态变得更加复杂,也限制了立方定律的使用。更多研究结果表明,流速与水力梯度并非简单的线性达西定律,而是呈现非线性关系[7]。如何准确描述这种非线性关系和揭示渗流非线性机制也是一系列重点问题。在应力的作用下,势必造成裂隙间的空腔形貌、裂隙开度分布的改变,使得渗流问题变得更加复杂。因此,研究者们通过考虑诸多影响因素,对立方定律进行了不同角度的修正。此外,天然裂隙与光滑平行裂隙的主要区别是其粗糙结构面之间存在接触,这些接触使裂隙间存在空腔体,导致渗流路径发生了曲折,并且产生了沟槽流,因此对立方定律的修正不仅需要考虑结构面的粗糙度,还应该考虑裂隙面的空腔结构和渗流的曲折效应。

地下水渗流形态主要分为平板渗流和辐向渗流两种。平板渗流的流线近似平行,水从裂隙一端流向另一端。在开挖隧道或洞室周围,地下水从四周围岩向地下隧道或洞室流动,即以辐向渗流方式流动[8]。辐向渗流也是油藏系统中广泛存在的渗流模型之一[9]。因此,开展裂隙的辐向渗流规律研究是具有工程意义的。

我国幅员辽阔,地势复杂,水能资源丰富,正处于经济建设持续快速发展和人民物质水平不断提高的阶段。分析和研究裂隙岩体的水力耦合特性不仅

(a)含有渗流的裂隙岩体　　　　　　　(b)公路边的裂隙岩体

(c)裂隙岩体的开挖　　　　　　　(d)裂隙岩体中的泥化夹层

图 1-1　常见的裂隙岩体

是水工结构、水文地质、岩石力学等许多学科重要的研究课题,也是深部采矿、油气开采、地下空间开发、二氧化碳及核废料地下填埋等工程领域非常关注的问题。综上,研究单裂隙辐向渗流与剪切耦合特性的规律对正在建设或即将建设的工程具有重要意义。

1.2　国内外研究现状

1.2.1　裂隙渗流与剪切耦合特性的研究方法

采用试验方法是分析岩体剪切与渗流特性的有效手段。通常,确定岩土体工程特性常采用的方法是原位试验,但其应力条件复杂,试验难度大,经济成本高,并且得到的岩性参数有限。模型试验是一种形象直观的岩体介质物理力学特性研究方法,因其发展较早、应用广泛,也是研究和获得岩石力学参数的常用方法。

模型试验的基础是相似三定理。早在 1 000 多年前的北宋,喻皓、郭宗恕在建造大型宝塔之前,就利用几何相似的原理制作小样,研究结构的几何关系,发现问题,然后修改模型,最后按修改后的模型施工。但相似三定理的第一定理却是 1848 年法国贝特朗以力学方程为基础建立的,提出凡相似的现象,相似准数的数值相等。20 世纪初,俄国学者费捷尔与美国学者白金汉先后分别推导出了相似第二定理,指出可以用相似准数与同类量比值的函数关系来表示微分方程的积分结果。1930 年,苏联科学家基尔皮契夫和古赫曼提出了相似第三定理,指出现象相似的充分必要条件是单值条件相似及由单值条件组成的相似准数相等。但在处理岩土模型试验的实际问题时,相似三定理往往只起到指导作用,所以还需在三定理的基础上制定一定的相似准则。推导相似准则的方法通常有三种:定理分析法、方程分析法和量纲分析法。这三种方法殊途同归,得到的相似准则的结果是一致的。

相似准则是选择相似材料的主要依据。若直接应用天然岩体进行室内模型试验将普遍面临以下几个问题:

(1)天然岩体体积大小不一,制备成符合试验要求的试件往往需要切割,难度较大。

(2)天然的岩体裂隙面结构不一,无法对同一种裂隙面进行重复试验。通常试验时将对试件裂隙面产生一次性破坏,造成试件无法重复使用。但为了控制变量,往往需要对同一个结构面采取不同边界条件下的试验,然而几乎找不到有同一结构面的天然岩体。

(3)野外选取的天然结构面啮合度差,十分影响结构面强度及渗流规律的分析。

(4)野外实地取样难度大且成本高,在运输和存储过程中试件容易发生损坏。

因此,室内试验经常采用相似材料来替代原岩材料。

相似材料的优点显著,如制备周期短、成本低、成果直观等,并且可以对影响因素重复研究分析。不同配比的相似材料其物理力学参数值的范围很大,适当调配后能够达到不同性状原岩材料的试验要求[10],现已广泛应用到岩土相关试验中[11-13]。还有众多学者仅以高强度石膏和水为原料,添加少部分缓凝剂制作成岩石相似材料,应用到了剪切-渗流试验中,取得了良好的成果[14-16]。如 Jiang 等[17]制备了石膏相似类岩试件并进行剪切试验,表明节理的法向刚度对剪切过程中的力学行为有显著影响。曾纪全和杨宗才[18]制作了石膏模型试件用以研究结构面倾角效应,并提出强度参数与结构面倾角的相关公式。

对裂隙渗流与应力耦合作用的研究主要包括两个方面:①裂隙渗流与法向应力耦合作用;②裂隙渗流与全剪切耦合作用。由此对应进行两类室内试验:①仅加载法向应力的渗流耦合试验;②对裂隙进行渗流剪切耦合试验,此类试验通常都加载法向应力,即包含渗流法向应力耦合试验[19]。与仅加载法向应力的渗流试验相比,裂隙在剪切作用下的变形和破坏对渗流规律的影响更复杂、更难以描述,这是因为在剪切作用下,裂隙结构面的三维空腔形貌和裂隙开度的分布将发生很大程度的变化[14,20-21]。

早在 16 世纪,研究者们就尝试用杠杆加载进行试验研究,此后试验机发展了几个世纪,如今早已实现液压伺服控制系统、计算机智能控制系统。目前,裂隙渗流与应力耦合作用的试验系统仍需不懈地研究与开发。裂隙法向应力与渗流试验系统要求比较简单,部分室内试验是通过对双轴或三轴试验机进行改造,在原有试验系统基础上加上渗流装置以实现裂隙渗流与应力试验耦合系统[22-24]。试验机的渗流系统与轴压系统及围压系统相互独立,可实现在试件整个变形破坏过程中对渗流量的变化测量。目前双轴或三轴试验机的围压和渗透水压可以大幅度提高到 120 MPa[25-26]。但是,双轴或三轴试验没有考虑直剪效应,因此必须开发专门的试验设备来进行直剪试验。

裂隙渗流与剪切耦合试验过程大致是首先在节理试件上加载法向压力,此时裂隙开度闭合,然后加载渗流水压力,水压力导致隙宽的改变,待流量稳定后对节理试件进行剪切,剪切位移导致节理产生剪胀或剪缩效应,隙宽再次改变从而引起渗流量变化。针对剪切试验,一些研究人员已经完成了裂隙在单向渗流条件下的渗流与剪切耦合试验[27-29]。李博和蒋宇静[30]自行研制了可视化渗流与剪切试验仪器,并结合数值模型分析了剪切作用下裂隙面的接触面积对渗流的影响。Olsson 等[31]对花岗岩节理试件进行了渗流与剪切试验,通过分析 JRC 与 JRC_{mob} 两者在剪切作用下的变化关系,建立了水力开度与机械开度之间的关系,并在立方定律的基础上修正了剪切过程中的渗流模型,但其试验的渗流水头压仅为 0.04 MPa。

然而,天然裂隙面的几何不均匀性导致了水流的各向异性,这与注水压力的方向有关[32-33],并且与单向流相比,辐向流不需要考虑节理试件两侧的密封性问题,所以许多学者在辐向渗流的问题上做了许多研究。研究幅向渗流通常是将岩石试件制成圆柱形,人工拓取或劈裂岩石等方式制取裂隙面。试件中心设注水孔,水流从中心以辐射状流向裂隙面的边缘。沈洪俊等[34]用长达 1.05 m 的圆形石板进行辐向流试验,并得出的裂隙渗流规律符合立方定律。Tanikawa 等[35]设计了特殊的试验装置,利用热电偶加热氮气并计算热水力条件下花岗岩裂隙的渗流特性。郭保华等[36]利用自行研制的系统对 4 种岩石裂隙进行了辐向渗流试验,发现随着法向应力的增大,裂隙渗流可以分为群岛流、过渡流和沟槽流 3 种类型。法向应力与渗透系数的关系也随不同循环次数的加载而不断变化。为了研究剪切应力的影响,Yeo 等[37]对剪切盒进行了特殊设计,用于在辐向流条件下进行剪切渗流试验,但其注水方法是自上而下的,且为了保证密封性,剪切位移仅为 2 mm,所以这并不是全剪切试验,该试验的另一个局限性是水压低。Esaki 等[20]自行研制了渗流与剪切耦合试验系统,并采用有限差分法将立方定律扩展到幅向渗流。试验研究发现由于结构面剪胀效应的影响,在剪切作用下裂隙结构的渗透系数将以数量级的形式增大。刘才华等[38]自行研制了辐向流试验系统,并对铺有细砂的裂隙结构进行了渗流与剪切耦合试验。试验研究表明在剪切作用下,裂隙的渗透系数主要受砂粒的扰动和孔隙比影响,并且剪切应力随法向应力的递增,渗透系数递减。

　　一般情况下,渗流与剪切耦合试验的法向加载边界条件有以下两种[19,39]:①常法向荷载边界条件(CNL),剪切试验过程中法向应力保持稳定不变,剪切应力的变化曲线有明显的峰值阶段、软化阶段和残余阶段,适用于未加固的岩体边坡;②常法向刚度边界条件(CNS),剪切试验过程中法向刚度保持稳定不变,剪切应力的变化曲线没有明显的峰值阶段,此边界条件适用于深埋工程和锚固工程的分析研究。实际工程中,常法向刚度边界条件更加符合现实情况。由于法向位移受到剪切作用影响,法向应力不可避免地发生变化,而常法向刚度边界条件可以通过改变法向位移的变化量来调节法向荷载的变化量,使其更加接近实际情况。但是要实现常法向刚度边界条件十分困难,因此目前的研究都采用常法向荷载边界条件进行试验。近几年,国内不断对新型数控裂隙渗流与剪切耦合试验系统进行研制。王刚等[40]研制的试验系统其剪切盒密封性能保证渗透水压高达 3 MPa。夏才初等[41]研制的试验系统可以进行稳态和瞬态条件下的裂隙渗流与剪切耦合试验,并且水压加载系统稳定易操作。目前学者们主要致力于剪切过程中单裂隙渗流模型的建立,并与试验结果相互验证。但是要同时实现裂隙中的剪切和渗流过程对试验设备要求很高,由于试验设备的限制,目前国内外进行的渗流试验往往都是在低水头下进行的,而实际工程中渗流水头甚至高达数百米[39],这仍需要对试验设备进行大力改进。

　　模型试验是研究岩石力学特性和裂隙渗流规律的重要方法,但由于裂隙空间狭小,试验系统的剪切盒为封闭状态,很难捕捉到裂隙受力破坏或渗流流态的发展过程。随着计算机的广泛应用,特别是近些年计算流体力学(CFD)的发展,使数值模拟成为一种有效的研究手段。

　　COMSOL Multiphysics 是一款基于有限元分析方法,通过求解偏微分方程或方程组来模拟真实物理现象的大型数值仿真软件,广泛应用于流体力学、多孔介质、结构力学、电磁等单一物理场或多物理场耦合分析。目前在流体力学方面大多通过求解 Navier-Stokes 方程而研究实际问题,并相应得到了不少成果。Chen 等[42]首先进行模型试验,对不同淤堵条件下的交叉裂隙的水力梯度、流速、流量等进行研究,然后利用数值软件,建立了二维交叉裂隙网络的渗流模型。结果表明,局部淤堵会导致流速场的显著重塑,并降低整个系统的过流能力;在相同的水力梯度条件下,由于受交叉裂隙的影响,水流在裂隙网络中比在单裂隙中更早过渡为湍流。Cao 等[43]根据理论分析建立了一种新的辐向渗流立方定律,利用数值软件建立辐向渗流的二维有限元模型,通过求解 Navier-Stokes 方程分析新的立方定律与试验值的差异。随后,Cao 等[44]对不同入渗压力下的单裂隙进行了渗流剪切模型试验,并采用数值模拟的方法建立了初始剪切和峰值剪切状态下的三维辐向渗流模型,分析在不同入渗压力下单裂隙辐向流非线性渗流规律。王者超等[45]通过理论分析和数值模拟,分别研究了平板渗流和辐向渗流两种形态下单裂隙的临界雷诺数、等效水力开度、非达西系数及流体的细观流动特征。在相同条件下对比平板渗流和辐向渗流,发现辐向渗流的临界雷诺数更低、等效水力开度更小、粗糙度对非达西系数的影响更大。

　　采用数值模拟的方法,可重复研究对象,记录数据方便,节约时间。对裂隙渗流问题而言,能较直观模拟出渗流的发生发展过程。若结合模型试验的结果,可对研究问题进行对比和更深入的分析,因此数值模拟也是较为常用的分析方法,具有很好的发展前景。

1.2.2　裂隙的渗流特性与模型研究

　　地下岩体存在多种裂隙和孔隙,为流体提供了渗流通道。在漫长的地质历史演变中,岩体不可避免地受到压剪作用力从而产生变形,渗流也因此而改变。如何有效防治和利用裂隙水,弄清裂隙岩体中的渗流特性是十分必要的[38]。

　　裂隙结构面仅受法向应力作用时,上下裂隙面之间的接触形态、接触面积比和空隙比对渗流规律产生主要影响[46-47]。即使法向应力高达 160 MPa 时，仍不能使裂隙完全闭合，裂隙中仍有渗流现象存在[48]。诸多学者通过仅加载法向应力的应力-渗流耦合试验总结出了渗透系数与法向应力之间的关系。Jones[49]对碳酸岩裂隙进行试验，得到了渗透系数与法向应力之间的对数型经验公式。Nelson[50]对砂岩裂隙进行试验，得到了渗透系数与法向应力之间的指数型经验公式。Kranzz 等[51]关注到总压力和岩体内部孔隙水压力的影响，在花岗岩裂隙渗流试验基础上拟合出符合试验规律的经验公式。因此，裂隙岩体的渗透性能受法向应力的影响是显著的。但研究结果还表明裂隙的渗透系数与剪切效应息息相关[52-53]。在剪应力的作用下，机械隙宽与水力隙宽之间的关系不再固定[37]，因此剪切作用使渗透系数与法向应力的关系更加复杂也更加难以描述。

对裂隙岩体进行渗流与全剪切试验时，剪切作用会导致裂隙开度分布不均和水流流态的各向异性，这对裂隙中的渗流流态产生重要的影响，尤其对垂直于剪切方向的流动更为显著。Koyama 等[54]通过数值模拟研究了大剪切位移作用下孔径和透射率变化。Lee 和 Cho[21]分析了多次剪切作用下裂隙渗透系数的变化规律，发现随着剪切次数的增大，渗透系数的增量开始逐渐减小。裂隙在压剪及渗流的作用下，很容易发生结构变形并产生次生结构面。破坏产生的裂隙充填物为多孔介质，这些介质在裂隙中受着复杂的水力学效应，并继续随着压剪作用而移动、破坏，形成泥化夹层。泥化夹层影响了裂隙的过流能力，并且在自然界中泥化夹层是导致边坡岩体失稳破坏的常见因素。因此，裂隙间充填物对渗流的影响日益受到研究人员的重视。周创兵和熊文林[55]认为节理的接触率与凸起体和充填物有关。速宝玉等[56]通过含有充填物的裂隙模型试验探讨了充填裂隙渗流特性，认为充填裂隙渗流特性取决于充填物的颗粒成分、孔隙度、充填物的粒径与隙宽的比值，结合前人的研究成果，推导出了含有充填物裂隙渗透性的半经验理论公式。陈金刚等[57]认为，充填物的膨胀效应对蚀变岩体力学变形起着重要的控制作用，充填物膨胀产生的拉张效应和剪切效应都导致裂隙渗透性的显著增加，并且充填物的塑化效应和液化效应也明显提高了裂隙的渗透性。田开铭等[58]研究认为，充填裂隙中的渗流规律仍可用立方定律来描述，修正系数仅取决于充填介质的孔隙率。但 Liu 等[59]认为，修正的立方定律不能用来模拟有充填物存在时的裂隙流体运动，并设计进行渗流试验用以评估不同级配的充填物对单裂隙水力性能的影响。潘东东等[60]将裂隙剪切过程产生的岩石碎屑对渗流规律的影响进行探索研究，得出隙宽越小，碎屑对渗流的影响越大。就目前的研究现状来看，裂隙岩体渗流特性研究主要集中在岩石裂隙中的流体运动,但充填体对渗流的影响研究甚少。

不可压缩流体在裂隙中的渗流规律可以采用 Navier-Stokes 方程(N-S 方程)进行描述,但由于 N-S 方程存在非线性项,求解 N-S 方程十分困难,且很难求得精确解。因此,研究者们忽略非线性项,N-S 方程便可以简化为 Stokes 方程。进而,还可以得到由 Stokes 方程降为二维形式的 Reynolds 方程。倘若裂隙中的渗流没有回流,路径为单向,将 Reynolds 简化则可得到著名的立方定律[54,61-63]。立方定律假设裂隙的上、下结构面是光滑的平行板,渗流为稳态并且流速较低,那么通过裂隙的流量与裂隙开度的三次方成正比。

立方定律作为描述裂隙渗流规律的基础理论与模型,已得到众多研究者的广泛认可和推广。然而裂隙结构面粗糙不平,内部存在不同程度的接触区域,使用立方定律计算时会高估裂隙的过流能力。这是因为粗糙不平的结构面使裂隙水流的渗流路径变得曲折复杂,渗流容易在裂隙结构面的接触区域产生绕流。同时,在试验过程中裂隙宽度很难量测,如何将立方定律应用到天然粗糙裂隙中,许多研究者针对裂隙宽度对立方定律进行了修正。Barton 等[64]引入了结构面粗糙度系数 JRC 值对立方定律进行了修正。Louis 和 Maini[65]、Amadei 和 Illangasekare[66]等做了大量试验研究,通过引入平均隙宽对立方定律进行了修正。耿克勤和陈凤翔[67]通过引入机械隙宽对立方定律进行修正。还有 Witherspoon 等[68]在考虑了结构面粗糙高度对裂隙渗流规律的影响的基础上对立方定律进行了修正。王媛等[69]通过引入等效水力隙宽来修正立方定律,以减小粗糙度引起的隙宽偏差而使立方定律高估渗流的问题。卢占国等[70]、速宝玉等[71]和许光祥等[72]均通过进行相对粗糙度对裂隙渗流的影响试验,得出了考虑相对粗糙度影响的立方定律修正公式。柴军瑞等[73]使用等效隙宽对可变隙宽的单裂隙渗流进行了修正。Zimmerman 和 Bodvarsson[74]基于 Barton 模型[64],同时考虑了隙宽标准差和接触面积对渗流的影响,并建立了渗流模型。陈益峰等[75]基于渗流扩散能等效原理,提出了渗流广义立方定律。该定律考虑了剪切过程中峰后剪胀及软化效应,对裂隙在较大法向闭合变形条件下合渐进渗流特性进行了合理的描述。赵延林等[76]对随机形貌岩石裂隙进行数值计算,为了描述剪胀效应对渗透系数的贡献,引入剪胀等效水力隙宽,建立了非线性剪胀-渗流模型。此外,朱红光等[77]将天然粗糙裂隙分割并离散成微小单元,通过对 Navier-Stokes 方程进行量级分析使得每个微小单元符合立方定律的假设,得出了立方定律的三个适用条件,提出了粗糙裂隙离散等效几何模型,即裂隙面粗糙度足够小,裂隙隙宽足够小,流动惯性的影响较小。肖维民等[78]将裂隙离散成 1 mm×1 mm 的三维单元网格,假设每个单元网格的渗流规律均符合立方定律,在此基础上提出了裂隙渗流三维空腔模型。而后,通过 Barton 剪胀模型得到不同剪切位移下的隙宽值,分析了不同剪切位移下的渗流规律,并与试验结果吻合程度较好[79]。裂隙因粗糙度和接触的存在使渗流路径发生曲折,目前研究成果表明渗流的曲折效应对裂隙渗流规律的影响不可忽视。一般用迂曲度(实际渗流路径与直线理想渗流路径之比)来反映曲折效应对渗流的影响程度。研究者们不断尝试新方法描述曲折效应影响的渗流规律。Brown[80]通过有限差分法建立了二维渗流模型模拟天然裂隙中渗流的曲折效应。Elsworth 和 Goodman[81]将匹配度高的裂隙结构面形状用正弦或锯齿形曲线表征得到了较为合理的曲折渗流规律。Murata 和 Saito[82]对接触和非接触的裂隙面进行了室内试验及数值模拟,分析了曲折效应与裂隙接触率之间的关系,从而生成了天然裂隙结构面形貌函数,通过分形参数分析三维裂隙渗流的曲折效应,首次对曲折效应进行了定量的描述。Tsang[83]将具有接触面积的裂隙流动看作沟槽流,发现裂隙中隙宽值越小的地方水流曲折效应越明显,引入隙宽函数对立方定律进行了修正。肖维民等[84]在 Brown[80]、Walsh[85-86]等建立的考虑岩石渗流路径曲折性的等效沟槽流模型基础上,根据结构面的三维空腔形貌特性,考虑流线的平均曲折因子,推导了一种综合考虑曲折效应和粗糙度的裂隙渗流模型,但是模型计算的流线没有十分明显的绕流现象,隙宽变化较为平缓。

　　立方定律描述的裂隙中渗流运动规律符合达西定律,因此流速与水力坡降呈线性关系。但目前诸多研究成果指出,当裂隙间的流速较大或结构较复杂时,渗流流态呈线性达西流。湍流效应会随着惯性力的增长而愈发明显,渗流流态变成非线性达西流,通过达西定律或立方定律分析裂隙渗流过程往往会带来较大的误差[62,87-89]。雷诺数是用来表征水流运动状态的无量纲数,所以研究者们起初通过确定临界雷诺数的值来判断水流的流动状态,但是不同边界条件下的临界雷诺数值相差较大。Zimmerman 等[90]对天然砂岩裂隙的渗流进行了室内试验并求解 N-S 方程,测得临界雷诺数为 25。Ranjith 和 Darlington[91]通过对天然花岗岩裂隙进行渗流试验,测得临界雷诺数为 10。研究表明临界雷诺数会随水流运动状态及裂隙形貌条件的变化而变化,并且在剪切应力的作用下,裂隙粗糙度、接触率、迂曲度等条件是不断改变的,渗流的非线性效应更加复杂。Javadi 等[92]对天然粗糙岩石裂隙进行了渗流剪切耦合试验,通过 Forchheimer 方程对渗流的非线性现象进行分析,发现 Forchheimer 方程能很好的解释剪切过程中粗糙裂隙渗流的非线性现象,并且

Forchheimer 方程中的惯性项和黏性项系数分别会在剪切过程中降低 4~7 个数量级，临界雷诺数则会从 0.001 增大到 25。Rong 等[61]通过劈裂得到 6 组天然裂隙并进行了不同法向应力下的剪切渗流耦合试验，使用 Forchheimer 方程和 Izbash 方程描述剪切过程中非线性现象渗流，结果较好，并提出了一个经验公式来量化线性系数和非线性系数之间的关系。Qian 等[93]通过对隙宽和结构面粗糙度分析影响雷诺数和渗流形态的因素，并建立了非线性渗流模型。王媛等[94]对光滑平行变隙宽的裂隙进行了高速水流试验，将试验结果与现有湍流公式比较，发现在低水力梯度作用下试验结果与湍流公式结果符合，而当高水力梯度时则相差较大。秦峰等[95]同样开展了平行光滑裂隙的高速水流渗流试验，对试验数据整理后，采用 Forchheimer 方程对试验结果进行曲线拟合，得到不同裂隙宽度下渗流非线性项的影响系数、渗透率和方差，最终得到了非线性影响系数与渗透率之间的关系。Zhou 等[7]对 6 组天然裂隙进行高围压下的渗流试验，利用 Forchheimer 方程对渗流的非线性影响进行分析，发现 Forchheimer 方程的惯性项和黏性项系数随着围压的增大而降低 2~5 个数量级，而且临界雷诺数也可以根据 Forchheimer 方程计算出来，并在此研究基础上建立了变围压条件下裂隙非线性系数和水力隙宽的关系。除结构面复杂的几何相貌和高流速作用下的惯性力影响外，涡流现象对非线性渗流也有无法忽略的影响[96]。当渗流通过裂隙开度变化较大的部位和不规则的粗糙结构区域时，流速会发生剧烈震荡，渗流路径发生明显改变，流线重塑，涡流通常出现在这些特殊部位[97]。裂隙局部粗糙度导致裂隙开度分布不均和流速导致雷诺数的变化，影响了涡流的形成和大小。涡流的出现不仅会影响流体质点的迁移，还会影响有效水力开度[62,87-89]。

在自然界中，裂隙结构面之间并非完全啮合，往往存在着许多空隙空间。与简化后的光滑平行板裂隙相比，这将使得水流在裂隙中可流动的区域减小，势必对裂隙的渗流特性产生影响。对于这种存在接触区域的自然裂隙，当使用立方定律计算裂隙渗流量时会高估通过裂隙的流量[98]，引起这种高估现象的主要原因之一就是裂隙面存在的接触区域减少了渗流的流动区域，并使得流动通道变得曲折迂回。因此，研究含有接触的裂隙渗流显得十分必要。研究人员曾经对评估裂隙渗透率建立了数学模型，但忽略了应力和相关变形的影响[85]。而后有关文献[99-102]研究了围压和孔隙压力对裂隙有效渗透性的影响，但仅限于弹性变形假设，也就是说，它们在分析中没有考虑塑性变形（不可恢复应变）。Zhang 和 Nemcik[103]在 1 MPa 到 3.5 MPa 的围压下对啮合和非啮合的砂岩裂隙进行了渗流试验。试验结果表明围压应力对裂隙流动的线性和非线性规律没有影响,但对裂隙的流动特性有重要影响。对于啮合裂隙的渗流,压力梯度随流速的增加而非线性增大且斜率变陡,渗透率随围压应力的增加呈双曲线下降,而对于非啮合裂隙渗流,Forchheimer 公式中的非线性系数的增长率随着围压应力的增大而逐渐减小。Roman 等[104]利用接触力学和黏滞流动的基本原理研究不同围压下裂隙变形弹塑性模型,建立了包括加载和卸载过程中弹性及塑性变形的裂隙介质渗透率的评估模型,推导了裂隙岩体在围压作用下的渗透率表达式。

第 2 章　相似类砂岩材料研究

许多工程中遇到的力学问题,都难以直接用数学方法解决,即使有少数的问题可由解析法求解,也是做出了相当的简化和假定,以致结论与实际不尽相符。使用试验方法研究正是一种行之有效的手段。但由于场地、经费等原因,不能直接对原型进行试验,常常采用放大或缩小的相似模型对原型进行研究。因此,19 世纪末到 20 世纪初,便形成了相似理论。

相似原理已广泛应用到岩土模型试验中,它的优点有:可操作性强;试验、验证周期短;可更好地分析主要现象,对工程实际中经常出现但无法用数学方程来描述,或者方程无解的现象及岩土力学问题,可探讨用相似模拟的方式进行研究[105]。

模型试验取得成功的关键在于相似材料的选择与配制。如今相似材料的种类较多,选择一种合适的相似材料后还需反复进行室内试验验证,探索不同成分配比对模型试验物理力学性能的影响,使相似材料能够满足相似准则,尽可能满足原型岩石材料的特征。

本章主要利用相似原理制备满足试验要求的类砂岩试件,并使用一种新型岩石裂隙辐向渗流直剪试验系统对类砂岩试件进行测试试验。

2.1　常见原岩材料的分类及物理力学特性

地球上岩石的种类很多,它们是组成地壳的基本物质。根据不同成因,岩石可分为岩浆岩、沉积岩和变质岩三大类。每一类岩石根据成因、物质成分及结构构造又可以细分。常见岩浆岩有花岗岩、流纹岩、闪长岩、安山岩、辉长岩等,常见沉积岩有砾岩、砂岩、石灰岩、白云岩、页岩等,常见变质岩有板岩、片麻岩、大理岩、石英岩等。表 2-1 列出了常见岩石主要物理力学经验参数,不同类型的岩石因为组成和构造的差异造成力学参数不同,并且同种岩石因风化程度、形成年代或测定方式的不同,造成同一物理力学参数的变化范围较大。如部分沉积岩有较明显的纹理,测定单轴抗压强度时若受力方向改变,其值也会有较大差异。

砂岩是一种常见的沉积岩,是由石粒经过水冲蚀沉淀于河床上,经千百年的堆积而成的。具砂状结构、层状构造层理明显。按砂粒的矿物成分可分为石英砂岩、长石砂岩和长石石英砂岩等；按砂粒粒径大小可分为粗砂岩、个粒砂岩和细砂岩；根据胶结物的成分可分为硅质砂岩、铁质砂岩、钙质砂岩和泥质砂岩等[106]。砂岩还是人类使用最为广泛的石材，其高贵典雅的气质、天然环保的特性成就了建筑史上的朵朵奇葩。我国的砂岩品种比较多，在矿产较多的西北部地区富含砂岩。世界上最具有价值的铀矿类型是砂岩型铀矿，而我国西北部地区是寻找中亚地区层间氧化带后生地浸砂岩型铀矿床最理想的地区[107]。我国是采煤大国，根据邵晨霞[108]的统计，近年来，我国煤矿井涌突水的事故发生次数最多的是砂岩裂隙涌突水。因此，本书选择的岩石原型材料是砂岩，进行渗流与剪切耦合试验研究。

表 2-1　常见岩石主要物理力学经验参数[109-110]

岩石名称	密度（g/cm³）	抗压强度（MPa）	抗拉强度（MPa）	弹性模量（GPa）	泊松比	内摩擦角（°）	黏聚力（MPa）
花岗岩	2.35~2.86	100~250	7~25	50~100	0.2~0.3	45~60	14~50
闪长岩	2.57~3.02	141.1			0.1~0.3	53~55	10~50
安山岩	2.30~2.70	100~250	10~20	50~120	0.2~0.3	45~50	10~40
辉绿岩	2.58~3.03	241		80~150	0.1~0.3		
辉长岩	2.55~2.98	180~300	15~35	70~150	0.1~0.2	50~55	10~50
流纹岩	2.50~3.30	180~300	15~30	50~100	0.1~0.25	45~60	10~50
玄武岩	2.55~3.16	150~300	15~30	60~120	0.1~0.35	48~50	20~60
砂岩	2.24~2.77	20~200	4~25	10~100	0.2~0.3	35~50	8~40
粉砂岩		122.7		10~32		29~59	0.07~1.7
石灰岩	2.3~2.7	50~200	5~20	50~100	0.2~0.35	35~50	10~50
白云岩	2.14~2.76	20~250	15~25	40~80	0.2~0.35	35~50	20~50
页岩	2.35~2.67	10~100	2~10	20~80	0.2~0.4	15~30	3~20
片麻岩	2.35~3.06	50~200	5~20	50~100	0.22~0.35	30~50	3~5
石英岩	2.66~3.36	150~350	15~30	60~200	0.1~0.25	50~60	20~60
大理岩	2.65~2.76	100~250	7~20	10~90	0.2~0.35	35~50	15~30
板岩	2.31~2.75	60~200	7~15	20~80	0.2~0.3	45~60	2~20

2.2　室内类砂岩相似材料的制作过程

2.2.1　相似原理和相似准则

如何使原型和模型相似,相似原理提供了理论基础。相似三定理是相似原理的主体,它从理论的角度上系统地对现象之间的相似性做出了定义[105]:

(1)相似第一定理(相似正定理):模型与原型的现象相似,则它们的几何特征和各个对应的物理量互为一定的比例关系。

(2)相似第二定理(π 定理):描述两个相似现象的基本物理方程可以用量纲分析的方法转换成用相似判据二方程,两个相似系统的二方程必须相同。

(3)相似第二定理相似存在定理(相似存在定理):如果两个现象的单值条件相似,而且由单值量组成的同名相似准则数值相同,则这两个现象相似。

但在处理岩土模型试验的实际问题时,相似三定理往往只起到指导作用。在三定理的基础上,解决实际问题还需要一定的相似准则。推导相似准则的方法通常有三种:定理分析法、方程分析法和量纲分析法。这三种方法殊途同归,得到的相似准则的结果是一致的,仅在书写形式上略有不同或使用要求中存有微小的差异。

在岩石结构力学中通常需要用到的相似准则可以用以下方程表示。用下标 p 表示原型物理量,下标 m 表示模型物理量,推导相似关系。相似比尺一般用 C 表示,所需相关物理量有几何尺寸 L、应力 σ、应变 ε、弹性模量 E、黏聚力 c、摩擦角 φ、泊松比 μ、容重 γ、时间 t,其对应的相似比尺有:

$$\left. \begin{array}{l} C_L = \dfrac{L_p}{L_m},\ C_\sigma = \dfrac{\sigma_p}{\sigma_m},\ C_\varepsilon = \dfrac{\varepsilon_p}{\varepsilon_m} \\[3mm] C_E = \dfrac{E_p}{E_m},\ C_c = \dfrac{c_p}{c_m},\ C_\varphi = \dfrac{\varphi_p}{\varphi_m} \\[3mm] C_\mu = \dfrac{\mu_p}{\mu_m},\ C_\gamma = \dfrac{\gamma_p}{\gamma_m},\ C_t = \dfrac{t_p}{t_m} \end{array} \right\} \tag{2-1}$$

若要求模型与原型一致,则有:

$$\left. \begin{array}{l} C_\sigma = C_c = C_\varepsilon C_E = C_\gamma C_L \\[2mm] C_\varepsilon = C_\varphi = C_\mu = 1 \end{array} \right\} \tag{2-2}$$

式(2-2)为弹性状态下的相似关系,若满足此式则可根据模型的测量值按照相似比尺反推原型的各个物理量,也可由原型推导模型的各物理量。

2.2.2　相似材料的选择

进行岩石直剪试验时若天然岩石切割得较为规则,符合剪切盒内部尺寸,则可直接进行试验。否则,必须对试件进行处理,例如采用外包法[41]和拓取法[40]。外包法适合天然岩样小于剪切盒尺寸的试件,见图2-1。用水泥砂浆将岩样外部包裹,制成外部规则、符合剪切盒尺寸的试件。为保证上下裂隙面可以完成剪切运动,岩样周围必须留有一圈水泥砂浆剪缝(裂隙面之间的三维空腔)。拓取法是将石膏材料流入制作磨具中,待石膏完全干透后剥离,便得到自然裂隙面的拓取面,见图2-2。剪切试验采用的试件可由特殊的树脂混凝土制作。天然岩石裂隙面构造千变万化,岩石内部成分也各不相同,因此试验结论不能直接推广至任意裂隙[39]。选择合适的相似材料制作人造类岩,可以避免因试件的物理力学性质和强度变形性质差异造成试验结果的不准确。

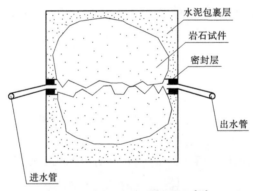

水泥包裹层

岩石试件

密封层

出水管

进水管

图 2-1　外包法处理裂隙试件[41]

相似准则是相似材料选择的主要依据,但满足所有相似准则是不可能的,因此对相似材料的基本要求有:均质,各向同性,物理力学性质稳定,力学性质随配比变化敏感,易于加工,取材方便,价格低廉。可供选择的相似材料的种类主要有水泥、石膏、石灰、石蜡等,可按照一定的配比制作成满足不同要求的相似材料。

水泥主要适用于模拟高强度的岩石材料,但养护时间比较长,7 d 与 28 d 的强度差异较大,制作完成后容易产生裂纹,不适合制作细微复杂的结构面。石蜡适用于模拟低强度且易产生较大塑性变形的岩石材料,例如软岩。石膏

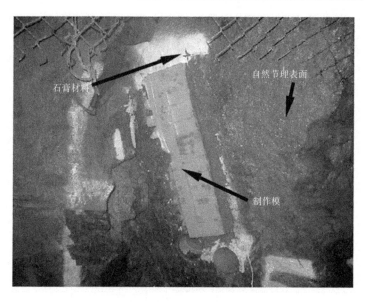

图 2-2　拓取法拓取自然裂隙粗糙面[40]

属于脆性材料,化学式为 $CaSO_4$,纯的硬石膏更是一种造岩矿物。抗压强度大于抗拉强度,与岩石的性质接近,因此作为岩石的相似材料已有百年历史。

石膏的弹性模量和抗压强度的调节范围比较大,具有更好的均一性,制备样品也更为方便[111],因此是岩性模拟试验中应用最为广泛的相似材料。但因石膏的凝固时间相当短,一般只有几分钟到十几分钟。在如此短的时间内,很难完成相似材料试件和相似材料模型的制作,必须加入缓凝剂以延长相似材料的凝结时间。常用的缓凝剂有硼砂、动物胶、磷酸氢二钠等。实际操作中,为了便于试验操作,可选择应用最为广泛的硼砂做缓凝剂。

在使用硼砂作为缓凝剂时,由于所用石膏种类的不同及硼砂纯度等的差异,在使用前应求得相似材料中石膏用量(占相似材料混合料的质量比)、硼砂浓度(占相似材料用水量的质量比)及石膏凝结时间的关系曲线。然后根据此关系确定所需的硼砂用量。在配制体积较大的相似材料模型时,所需用水总量较大,加入的硼砂量也较多,这时一定要采用搅拌等方式使硼砂完全溶于水中,当水温较低时,硼砂溶解较慢,为加快硼砂溶解,可采用温水溶解。

2.2.3　类砂岩物理力学参数测定

表 2-2 列出了部分不同文献研究的砂岩的物理力学参数。其中,砂岩的密度范围在 2.079~2.4 g/cm^3,抗压强度 39.76~65 MPa,弹性模量 5.89~

29.1 GPa,泊松比 0.18~0.39,黏聚力 5.43~18.3,内摩擦角 30°~61.73°。可见砂岩因分布区域的差异,其物理力学参数差异较大。

表 2-2 部分砂岩物理力学参数

岩石类型	红砂岩	巴里坤砂岩	砂岩	绿砂岩	砂岩	砂岩
地区	—	新疆	重庆市云阳县寨坝滑坡	锦屏Ⅱ级水电站	Huddersfield, Yorkshire, U.K.	四川
密度 ρ (g/cm³)	—	2.4	—	—	2.079	2.13
抗压强度 σ (MPa)	65	55	57	59.8	51.38	39.76
弹性模量 E (GPa)	22.4	5.89	22	14.1	20.73	29.1
泊松比 μ	0.18	0.35			0.39	0.23
黏聚力 c (MPa)	—	15.9	18.3	10	—	5.43
内摩擦角 φ (°)	—	30	46	42	—	61.73
引文	[112]	[113]	[114]	[115]	[116]	[117]

根据前文对相似准则的研究,本次试验取几何比尺 C_L 和容重比尺 C_γ 均为 1。通过不断调试最终确定相似材料中石膏、水、缓凝剂的质量比为 1∶0.25∶0.005。石膏采用上海华星生产的 α-高强度石膏,超细 400 目以上,混合后的石膏浆体流动性较好,类似胶水,气泡极少。

为测定相似材料的物理力学参数,需制作类砂岩标准试件。先在标准试件磨具内壁涂抹适量润滑油以便脱膜,然后将石膏浆体缓缓浇注到标准试件制作模具中,凝结时间为 10~15 min,脱模操作时间为 40~60 min,脱膜后的标准试件见图 2-3,为直径 50 mm、高 100 mm 的小圆柱。

标准试件干燥后,对其进行单轴压缩试验等相关力学性能的测试。标准试件的物理力学参数见表 2-3,可知石膏相似材料制作的类砂岩标准试件满足表 2-2 中砂岩的物理力学参数范围,与文献[117]中砂岩物理力学参数接近,因此可以使用石膏相似材料代替砂岩进行模型试验。

图 2-3　石膏相似材料制作成的标准试件

表 2-3　标准试件物理力学参数

物理力学参数	数值
密度 ρ (g/cm^3)	2.066
抗压强度 σ (MPa)	38.800
弹性模量 E (GPa)	28.700
泊松比 μ	0.230
黏聚力 c (MPa)	5.300
内摩擦角 φ (°)	60

2.3　渗流与剪切耦合测试试验

　　为了测试类砂岩试件是否满足试验要求,以及对试验系统进行调试与检测,本节进行了一组测试试验。

2.3.1　试验系统介绍

　　剪切试验系统为长沙亚星数控技术有限公司生产的 TJXW-600 型微机控制岩石裂隙直剪渗流耦合系统(见图 2-4)。它由主机、伺服油源、压力系统、Multi-05 全数字多通道闭环控制系统、密封剪切箱等组成。

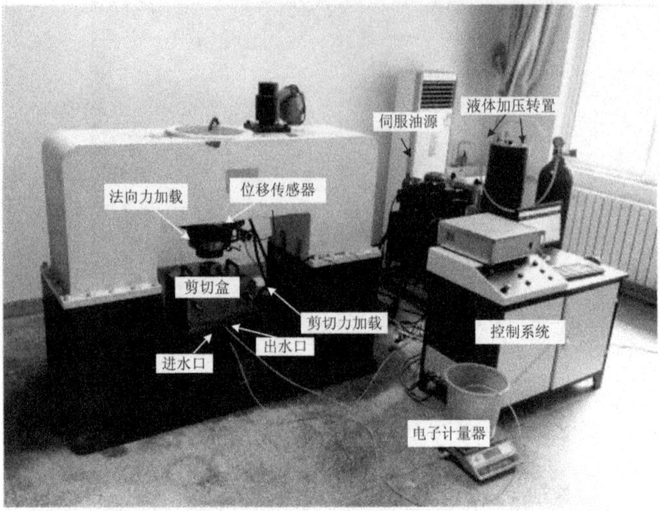

图 2-4　TJXW-600 型微机控制岩石裂隙直剪渗流耦合系统

剪切加载框架由闭环控制器、液压伺服油源、力与位移传感器、密封剪切盒组成。切向力和法向力加载系统均采用德国 Doli 公司研发的 EDC 闭环控制器控制,它具有多个测量通道,其中任何一个通道都可以进行荷载控制、变形控制和位移控制等单独控制。试验机在法向方向上可施加常法向位移(CNV)、常法向应力(CNL)、常法向刚度(CNS)3 类边界条件。液压伺服油源实现切向与法向荷载的施加,力与位移传感器测量法向荷载和切向荷载的大小与位移变化。

试验试件放置在封闭的剪切盒中。剪切盒外观接近立方体,分为上、下两个部分。下部分剪切盒内试件固定,上部分剪切盒内的试件由一单独的方形刚性铜铸件包裹,法向压力与切向力通过活塞推动刚性铜铸件活动,剪切盒顶端装有刚性滚轴,可以均匀传递荷载和防止上试件随意移动。在上、下剪切盒中间,下试件与下剪切盒固定处,上试件与刚性铜铸件固定处,法向与切向活塞周围均放置了 O 形橡胶密封圈,这种密封圈成功解决了剪切盒密封性的问题。剪切盒结构如图 2-5 所示。

水压加载系统由水箱和氮气瓶组成。通过氮气瓶上的减压阀向水箱输送固定的压力值,最大压力可达 3 MPa。注水时,水从下剪切盒底部中间向上涌出,水在节理裂隙面漫流,出水口设置在下剪切盒盒面上,这就是辐向渗流的渗流方式。流出的水的质量被电子秤收集反馈到计算机中。水流方向如

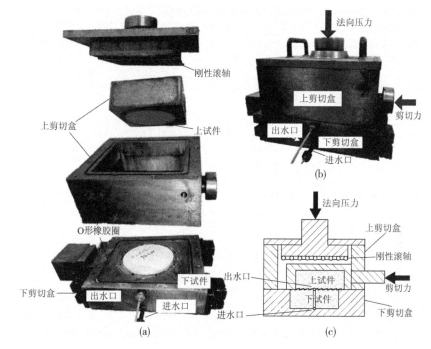

图 2-5　剪切盒内部结构图

图 2-6 所示。试验机的主要技术参数由生产厂家提供,见表 2-4 和表 2-5。

图 2-6　辐向渗流水流流向示意图

表2-4　法向力和剪切力电液伺服系统的主要技术参数

主要技术参数	垂直力电液伺服控制	水平力电液伺服控制
最大试验力	700 kN	700 kN
试验力有效测量范围	2%～80%F.S	2%～80%F.S
试验力示值精度	±1%	±1%
试验力分辨力	1/200 000	1/200 000
位移活塞形成 （轮辐式负荷传感器测力）	≥200 mm	≥100 mm
位移测量范围	0～200 mm	0～100 mm
位移分辨力	0.025(5 000 码)	0.025(5 000 码)
位移示值精度	<±5%F.S	
变形测量范围		0～100 mm
变形示值精度		±5%

表2-5　渗透压力伺服稳压系统的主要技术参数

主要技术参数	渗透压力伺服稳压系统
最大压力	3 MPa
储水量	10 L
渗透压力测量精度	示值的±0.1%F.S
渗透压力稳定精度	
流量精度	示值的±0.1%

2.3.2　类砂岩试件制备

　　TJXW-600型微机控制岩石裂隙直剪渗流耦合系统的渗流方式为辐向渗流,剪切盒的凹槽设计为圆柱形,接触面亦为规则的圆形剪切面,因此设计了如图2-7所示的具有两种结构面的钢铸试件模具。

　　首先在钢铸试件模具内壁涂抹润滑油,然后按照上节内容配比石膏浆体后倒入试件磨具中,最后冷凝脱模后刮去试件表面粘附的润滑油,完成后的试件如图 2-8 所示。制作完成后的类砂岩试件外观呈圆柱形,其底面直径 D 为 200 mm,单个试件高 h 为 75 mm,具有粗糙和光滑两种结构面。粗糙试件结构面单齿的长度为 10 mm,齿形个数为 20 个,每个齿形结构的横截面为直角三角形,起伏角为 60°[见图 2-8(b)、(d)];光滑试件没有起伏角。

(a)模具　　　　　(b)光滑裂隙面　　　　　(c)粗糙裂隙面

图 2-7　钢铸试件模具

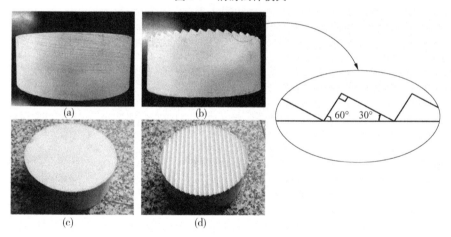

图 2-8　光滑试件与粗糙试件结构面

2.3.3　试验过程及结果

在试验之前,为防止微结构面的影响,需将类岩试件吸水饱和,室内温度维持在 20 ℃ 左右,然后进行以下步骤:

第一步,打开仪器,在剪切盒中放置类岩试件(见图 2-9),在电脑应用程序中设置好法向压力值和剪切速度,默认边界条件为常法向刚度边界条件(CNL)。

第二步,加载法向压力直至稳定。

图 2-9　上下啮合的粗糙试件

第三步,打开氮气减压阀加载水压力,直至流量稳定。

第四步,开始剪切,直至剪切位移达到最大值 32 mm。

法向位移和剪切位移由拉线式位移传感器测得,法向应力和剪切应力由压阻式应力传感器测得,流量由出口处的电子称测得,所有数据汇总到计算机中可得到不同时刻下的位移、应力和累计流量,通过进一步数据处理可得到不同剪切位移下法向位移、剪切应力和流量的变化。

试验完成后的主要结果如图 2-10~图 2-12 所示。

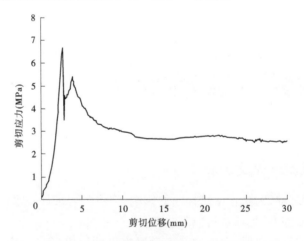

图 2-10　剪切应力随剪切位移的变化曲线

图 2-10 为剪切应力随剪切位移的变化曲线。由于 CNL 边界条件的影响,剪切位移刚开始加载时,剪切应力便迅速增长到极大点即剪切峰值 6.68

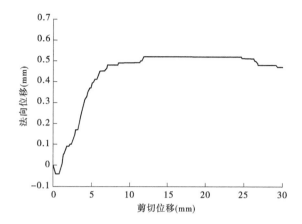

图 2-11　法向位移随剪切位移的变化曲线

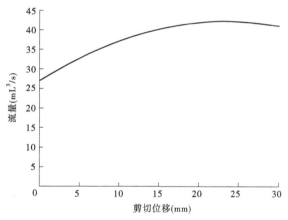

图 2-12　流量随剪切位移的变化曲线

MPa,后出现了黏滑现象,跌落至 3.74 MPa,然后又快速回升至二次峰值达到 5.35 MPa,之后进入强度软化阶段,并最终达到残余强度 2.52 MPa,为峰值强度的 37.7%。

图 2-11 为法向位移随剪切位移的变化曲线。在剪切位移初期发生了剪缩现象,剪缩量为 0.04 mm,此时试件正处在压密阶段。随着剪切过程不断进行,试件开始爬坡,法向位移上升,出现了剪胀现象。当达到剪切峰值强度时,裂隙的剪切破坏模式从滑移剪胀破坏转化为切齿破坏,此时法向位移持续上升。法向位移达到峰值 0.52 mm 后,体积膨胀加剧。当结构面凸齿完全破坏后,法向位移上升趋势变缓,到达一个较长的稳定阶段。随着剪切过程的进

行,破碎的凸齿再次被压密,法向位移缓慢下降,直至剪切结束。

图 2-12 为流量随剪切位移的变化曲线。在剪切初始阶段,试件被压实紧密,流量值较小,为 27.3 mm³/s。但出现爬坡效应后,啮合的结构面被打开,此时流量开始增长。产生切齿破坏后,隙宽变大,流量保持持续增长。当结构面再次被压密实时,流量到达峰值 42.25 mm³/s 后开始减小,直至剪切结束。

2.4　本章小结

本章以相似三定理作为依据对相似类砂岩材料进行了研究,并利用 TJXW-600 型微机控制岩石裂隙直剪渗流耦合试验系统,对类砂岩啮合结构面进行了辐向渗流状态下的剪切渗流耦合测试试验。本章主要结论有:

(1)在众多岩石种类中选择砂岩作为原型岩石材料,根据相似原理,制定相似准则,认为石膏可以作为砂岩的相似材料。

(2)确定相似材料中石膏、水、缓凝剂的配比,调配出类砂岩材料,并测定了类砂岩材料的物理力学参数,满足砂岩的相似要求。

(3)制作类砂岩试件,并进行了测试试验。试验结果表明类砂岩试件的物理力学性能符合辐向渗流剪切试验要求,为后期研究工作做好了准备。

(4)相似模拟试验可以极大地缩减试验周期,降低试验成本。

第 3 章 辐向渗流立方定律及水流流态分析

3.1 辐向渗流立方定律的推导

黏性不可压缩流体在单裂隙中运动时可用连续方程和 Navier-Stokes 方程(N-S 方程)进行描述[13]:

$$\frac{\partial u_x}{\partial x} + \frac{\partial u_y}{\partial y} + \frac{\partial u_z}{\partial z} = 0 \tag{3-1}$$

$$\left.\begin{array}{l} g_x - \dfrac{1}{\rho}\dfrac{\partial p}{\partial x} + \upsilon\,\nabla^2 u_x = \dfrac{\partial u_x}{\partial t} + u_x\dfrac{\partial u_x}{\partial x} + u_y\dfrac{\partial u_x}{\partial y} + u_z\dfrac{\partial u_x}{\partial z} \\[2mm] g_y - \dfrac{1}{\rho}\dfrac{\partial p}{\partial y} + \upsilon\,\nabla^2 u_y = \dfrac{\partial u_y}{\partial t} + u_x\dfrac{\partial u_y}{\partial x} + u_y\dfrac{\partial u_y}{\partial y} + u_z\dfrac{\partial u_y}{\partial z} \\[2mm] g_z - \dfrac{1}{\rho}\dfrac{\partial p}{\partial z} + \upsilon\,\nabla^2 u_z = \dfrac{\partial u_z}{\partial t} + u_x\dfrac{\partial u_z}{\partial x} + u_y\dfrac{\partial u_z}{\partial y} + u_z\dfrac{\partial u_z}{\partial z} \end{array}\right\} \tag{3-2}$$

式中:u_x、u_y 和 u_z 分别为流速 u 在坐标轴 x、y、z 方向的分量;g_x、g_y 和 g_z 分别为重力加速度 g 在坐标轴 x、y、z 方向的分量;ρ 为水流密度;p 为水压;υ 为水流的运动黏滞系数;∇^2 为 Laplace 算子。

假定裂隙上、下表面平行且光滑,裂隙内流速不大,水流为稳定层流状态,则 N-S 方程等式右边可简化为 0。同时,将 N-S 方程简化到一维则可得到著名的立方定律:

$$Q = \frac{wge^3}{12\upsilon}J \tag{3-3}$$

式中:w 为计算区域宽度;e 为裂隙宽度;J 为水力坡降。

根据达西定理,则可得到渗透系数为

$$K = \frac{ge^2}{12\upsilon} \tag{3-4}$$

假定水流以辐向流状态进入光滑、平行裂隙中,并且同一半径的等水头线值相等,不同过水断面的流量相等即入口流量,其他假定与立方定律一致。结合极坐标形式下的 Laplace 方程及式(3-3),可得到辐向流立方定律为

$$Q = \frac{2\pi g e^3}{12 v \ln(r_1/r_0)} \Delta h \tag{3-5}$$

式中:r_1 为圆形区域半径;r_0 为注水孔半径;Δh 为进出口水头差。

式(3-5)已得到了众多学者的认可和应用[36,103,118]。

此外,本书基于积分思想推导出一种忽略注水孔尺寸的辐向流立方定律。如图 3-1 所示,将单位角度(θ_0)的扇形区域等效为单位宽度(w_0)的矩形区域:

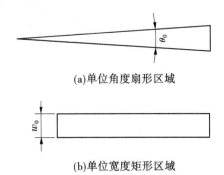

(a)单位角度扇形区域

(b)单位宽度矩形区域

图 3-1　辐向流立方定律积分示意图

计算区域内的基本假定与单向流立方定律假定一样,根据式(3-3)则可认为通过单位角度(θ_0)的扇形区域内的流量为

$$Q_\theta = \frac{w_0 g e^3}{12 v} \cdot \frac{\Delta h}{r} \tag{3-6}$$

将式(3-6)积分到整个扇形区域,则有

$$Q = \int_0^{2\pi} Q_\theta \, \mathrm{d}\theta = \frac{w_0 \pi g e^3}{6 v} \cdot \frac{\Delta h}{r} \tag{3-7}$$

3.2　辐向渗流立方定律的验证和比较

假设模拟岩体处于浅埋深状态。自然状态下所受法向静荷载主要为埋深岩体上层的土压力,可通过以下公式计算:

$$p_n = \rho g z \tag{3-8}$$

式中:p_n 为岩体所受法向应力;ρ 为覆盖层平均密度;g 为重力加速度;z 为埋

深深度。

选取覆盖层密度为模拟岩体自身密度,即 2.13 g/cm³,假定埋深深度为 60~130 m,则对应的法向应力为 1.25~2.77 MPa,试验选定法向应力分别为 1.27 MPa、1.59 MPa、1.91 MPa、2.23 MPa 和 2.55 MPa,并且分别对应于仪器设置中的 40 kN、50 kN、60 kN、70 kN 和 80 kN。假定作用水头分别为 20 m、40 m、60 m 和 80 m,对应于水压力分别为 0.2 MPa、0.4 MPa、0.6 MPa 和 0.8 MPa。试件初始布置状态分规则齿咬合状,起伏角为 30°,具体见图 3-2。试验方案详见表 3-1。

图 3-2 规则齿试件初始布置状态

基于方案 1~9 的试验数据,对两种辐向流立方定律计算结果和试验结果进行对比,判断哪种辐向流立方定律更加接近试验结果并分析其原因。对比结果中横坐标为实测机械隙宽值 e_m,忽略了初始隙宽 Δu。纵坐标为对应隙宽下式(3-5)、式(3-7)和试验得到的流量值。

当 $p = 0.6$ MPa 时不同法向应力作用下即方案 1~5 比较结果见图 3-3。

当 $\sigma_n = 1.91$ MPa 时不同水压作用下即方案 6~9 比较结果见图 3-4。

表 3-1　试验方案

试验方案	法向应力 (MPa)	水压力 (MPa)	剪切速率 (mm/min)	试件类型
方案 1	1.27			
方案 2	1.59			
方案 3	1.91	0.6		
方案 4	2.23			
方案 5	2.55		15	I
方案 6		0.2		
方案 7	1.91	0.4		
方案 8		0.6		
方案 9		0.8		

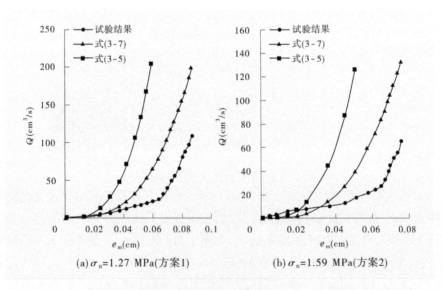

(a) σ_n=1.27 MPa(方案1)　　　　(b) σ_n=1.59 MPa(方案2)

图 3-3　$p=0.6$ MPa 时不同法向应力作用下两种辐向流立方定律与试验数据比较

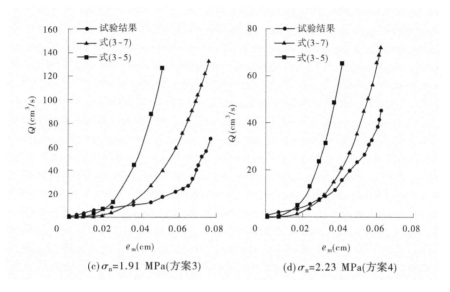

(c) σ_n=1.91 MPa(方案3)　　　　(d) σ_n=2.23 MPa(方案4)

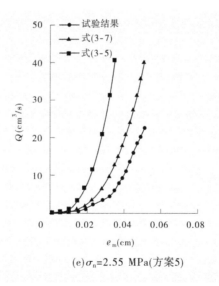

(e) σ_n=2.55 MPa(方案5)

续图 3-3

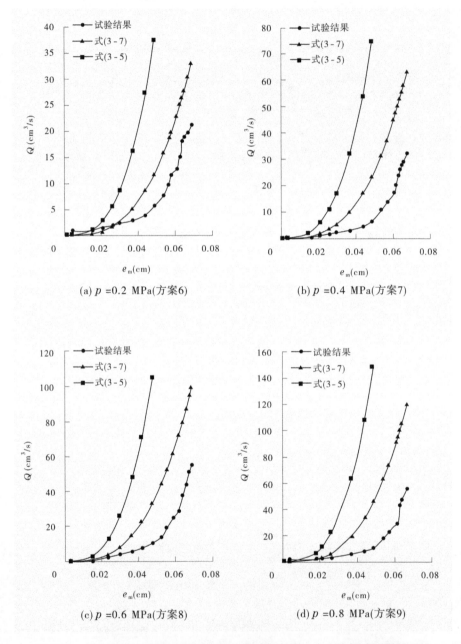

图 3-4　$\sigma_n = 1.91$ MPa 时不同水压作用下两种辐向流立方定律与试验数据比较

从图 3-3、图 3-4 中可以看出,由于式(3-5)和式(3-7)的基本假定都一致,都假定裂隙表面光滑且平行,水流流态为稳定状态。然而试验所选的裂隙结构面为规则齿粗糙结构面,并且在剪切过程中结构面粗糙程度在不断变化。此外,在高水压和结构面复杂几何形貌的共同影响下,水流的流态也并非稳态。这些条件都偏离了式(3-5)和式(3-7)的基础假定,使得计算结果在一定程度上偏离试验结果,并且高估了裂隙的过流能力。相比之下,式(3-7)更加接近试验结果,因此后文以式(3-7)为重点进行分析。

3.3　辐向渗流立方定律与试验数据的误差分析

3.3.1　结合试验现象及结果分析误差来源

为了分析试验数据与式(3-7)之间差距的变化规律,假定以下公式:

$$\Delta Q = Q_C - Q_E \qquad (3-9)$$

式中:ΔQ 为相同 e_m 值下式(3-7)计算流量与试验流量之间的差值;Q_C 为式(3-7)计算得到的流量值;Q_E 为试验结果流量值。

在方案 1~9 的基础上,分别分析不同法向应力作用下以及不同水压作用下 ΔQ 随 e_m 以及剪切位移 δ 的变化曲线,并结合试验现象分析剪切过程中 ΔQ 的变化规律,从而分析式(3-7)与试验结果之间产生误差的原因。

当 $p = 0.6$ MPa 时不同法向应力作用下即方案 1~5 中 ΔQ 随 e_m 和 δ 的变化结果见图 3-5。

从图 3-5 可以看出不同法向应力作用下,ΔQ 随着 e_m 的增大而增大,当裂隙隙宽越大时,辐向流立方定律越偏离试验结果,并且不同法向应力作用下的变化趋势相近。随着 δ 增大,ΔQ 呈现出两个阶段的变化。初始阶段由于结构面尚未破坏,结构面粗糙度较大,曲折效应明显,使得在结构面破坏之前,ΔQ 增量较大。随后由于结构面粗糙度降低,曲折效应减弱,ΔQ 增量开始呈非线性趋势减小。而法向应力越大,结构面的破坏程度越高,粗糙度的降低程度越大,使得 σ_n 越大 ΔQ 越小。当 σ_n 从 1.27 MPa 增大到 1.59 MPa、1.91 MPa、2.23 MPa、2.55 MPa 时,ΔQ 最大值从 90.01 cm³/s 降低到 67.31 cm³/s、44.64 cm³/s、28.75 cm³/s、17.98 cm³/s。随后结构面粗糙度基本不再变化,接触面积和曲折效应对水流的影响也趋于稳定,ΔQ 的变化也逐渐趋于稳定。

当 $\sigma_n = 1.91$ MPa 时不同水压力作用下即方案 6~9 中 ΔQ 随 e_m 和 δ 的变化结果见图 3-6。

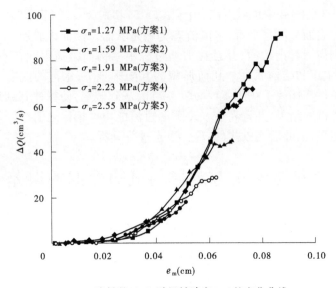

(a)流量差(ΔQ)随机械隙宽(e_m)的变化曲线

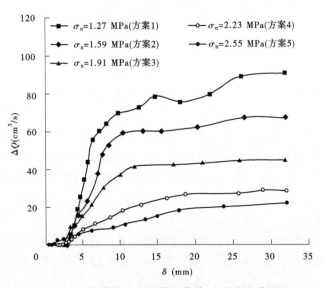

(b)流量差(ΔQ)随剪切位移(δ)的变化曲线

图 3-5　$p=0.6$ MPa 时不同法向应力作用下流量差(ΔQ)
随机械隙宽(e_m)及剪切位移(δ)的变化规律

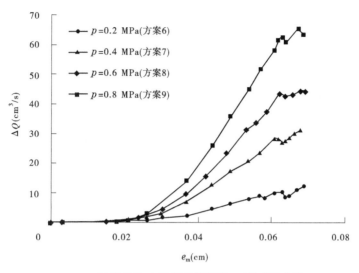

(a)流量差(ΔQ)随机械隙宽(e_m)的变化曲线

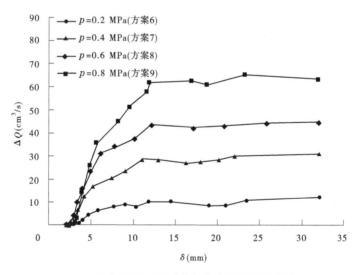

(b)流量差(ΔQ)随剪切位移(δ)的变化曲线

图 3-6 $\sigma_n = 1.91$ MPa 时不同水压作用下流量差(ΔQ)

随机械隙宽(e_m)及剪切位移(δ)的变化规律

不同水压作用下 ΔQ 随 e_m 和 δ 的变化规律主要体现了高水压带来的水流非线性现象对 ΔQ 的影响。从图 3-6 中可以看出,不论是随 e_m 还是 δ 的变化,p 越大,ΔQ 越大。当 p 从 0.2 MPa 增加到 0.4 MPa、0.6 MPa、0.8 MPa 时,ΔQ 最大值从 12.14 cm³/s 增加到 31.14 cm³/s、44.64 cm³/s、63.67 cm³/s。因为水流速度会随着水压的增大而增大,雷诺数会随着流速的增大而增大,同时雷诺数又代表着惯性力和黏滞力的比值,因此从侧面反映出惯性力会随着水压的增大而增大。惯性力作为 N-S 方程的唯一非线性项来源控制着水流的非线性变化,因此水压越大,水流的非线性影响越严重,辐向流立方定律与实际结果相差越大。

整体上由于式(3-5)和式(3-7)的基础假定相同,都忽略了裂隙结构面表面形态的复杂性(粗糙度、接触面、曲折效应等因素),以及高水压对水流非线性的影响。这些因素都会阻碍水流的流动,使得裂隙的过流能力降低。凸起体会阻碍水流的前进,还会使隙宽分布函数变得十分复杂,同时凸起体还会使水流在裂隙中行进时优先流向隙宽较大的部位,这使得水流的实际路径变得蜿蜒曲折。此外,裂隙之间的接触点和接触面一般位于凸起体较高的部位,水流遇到这些接触面时会绕流,同时也会使实际渗径增大,即有明显的曲折现象。水流的非线性现象主要体现在求解 N-S 方程时惯性力对方程解的影响,由于求解非线性项十分复杂,一般将非线性项忽略。但现有结果表明当水流流速较大时水流处于紊流状态,水流的非线性影响不容忽视。此外,复杂的结构面形貌也会提升水流的非线性影响。当通过裂隙的水流自身非线性现象比较明显时,裂隙的过流能力也会降低。

3.3.2　结合数值计算模型分析误差来源

从前文比较结果可以看出计算结果与试验结果之间的误差主要集中在结构面破坏之前。为了更加直观地反映结构面破坏之前水流在裂隙中的流动状态以及分析计算结果与试验结果之间的差距,本书以 $\sigma_n = 1.91$ MPa 时,p 分别为 0.2 MPa、0.4 MPa、0.6 MPa 和 0.8 MPa(对应方案 6、7、8 和 9)为例,通过 COMSOL Multiphysics 软件分别建立剪切初始阶段以及剪切峰值阶段的三维数值模型,求解三维 N-S 方程分析剪切初始状态和剪切峰值状态下,边界流量分布情况以及裂隙内部水流分布状态。

模型仅包括上、下试件之间的裂隙空间。模型上、下面为试件齿形结构

面,模型直径为 200 mm,中心注水孔直径为 8 mm。剪切初始状态及峰值状态时隙宽的确定方法如下:

(1)初始隙宽的确定:根据 $\sigma_n = 1.91$ MPa,p 分别为 0.2 MPa、0.4 MPa、0.6 MPa 和 0.8 MPa 时的实测初始流量值,通过式(3-7)反算得到初始等效水力隙宽,取各水压作用下的初始等效水力隙宽平均值作为初始机械隙宽。

(2)峰值隙宽的确定:峰值状态下隙宽值即初始平均等效水力隙宽与峰值状态下方案 6~9 峰值位移处机械隙宽增量之和。

当 $\sigma_n = 1.91$ MPa 时不同水压作用下即方案 6~9 等效水力隙宽以及峰值隙宽值见表 3-2。

表 3-2　模型初始隙宽值以及峰值隙宽值的确定

项目	初始流量 （cm³/s）	初始等效水力隙宽 （mm）	峰值机械隙宽增量 （mm）	峰值机械隙宽 （mm）
方案 6	15.07	0.56	0.49	1.05
方案 7	19.79	0.51	0.5	1.01
方案 8	27.46	0.49	0.52	1.01
方案 9	31.97	0.52	0.52	1.04
平均值		0.52	0.51	1.03

对模拟结果的分析主要包含两方面:

(1)为了验证模型结果的合理性,对两种模型出口流量总和和相应实测流量总和进行了对比。并且假定模型及计算结果相对于垂直齿槽并通过注水孔的轴线对称分布,在此基础上将模型按图 3-7 所示等分,分析不同水压下各计算部位单位面积流量(Q_u)变化规律。

(2)由于剪切过程中剪切盒必须保持密闭性,因此无法观察到水流的具体分布形态。

因此,借助三维模型的计算结果分析两种剪切状态下水流在不同水压作用下的分布规律。

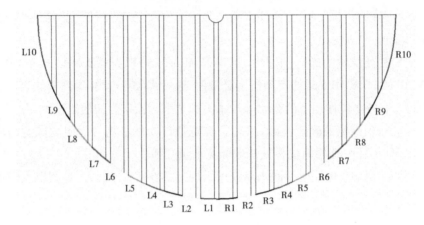

图 3-7　出水口计算区域划分图

3.3.2.1　剪切初始状态模型

剪切初始状态所有模型均采用四面体网格形式剖分,其中最大网格尺寸为 1.18 mm,最小网格尺寸为 0.128 mm。剪切初始状态模型及网格剖分结果见图 3-8、图 3-9。

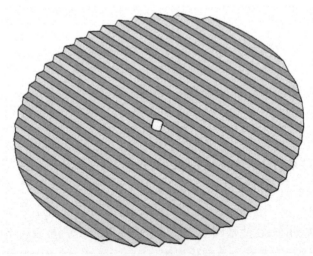

图 3-8　剪切初始状态三维计算模型

剪切初始状态模型计算边界条件如下:模型中心注水孔为流速边界,可通过方案 6~9 初始流量以及进水口四周面积得到;水流流出裂隙时视水压为 0,因此模型四周边界为水头边界,值为 0。当 $\sigma_n = 1.91$ MPa 时方案 6~9 进水口流速见表 3-3。

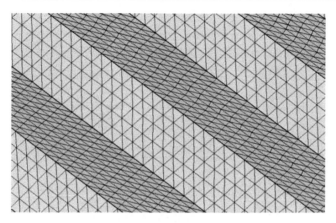

图 3-9　剪切初始状态模型局部网格剖分结果

表 3-3　初始剪切状态模型边界条件

方案	方案 6	方案 7	方案 8	方案 9
初始状态流量(cm³/s)	15.07	19.79	27.46	31.97
初始状态进水口流速(m/s)	1.1	1.35	1.98	2.59

剪切初始状态模型在 $\sigma_n = 1.91$ MPa 时不同水压作用下各计算部位流量、模型总流量及实测流量结果见表 3-4。

表 3-4　$\sigma_n = 1.91$ MPa 时不同水压作用下剪切
初始状态各计算部位参数及计算结果

计算部位	计算部位表面积（cm²）	0.2 MPa		0.4 MPa		0.6 MPa		0.8 MPa	
		R(cm³/s)	L(cm³/s)	R(cm³/s)	L(cm³/s)	R(cm³/s)	L(cm³/s)	R(cm³/s)	L(cm³/s)
1	0.068 16	0.995 70	1.069 60	1.250 60	1.332 54	1.783 50	1.878 90	1.997 50	2.140 90
2	0.068 72	0.841 96	0.899 80	0.982 95	1.095 30	1.389 30	1.404 20	1.642 80	1.782 20
3	0.070 04	0.534 21	0.614 69	0.744 47	0.862 24	0.981 60	1.103 40	1.270 10	1.416 80

续表 3-4

计算部位	计算部位表面积（cm²）	0.2 MPa		0.4 MPa		0.6 MPa		0.8 MPa	
		R（cm³/s）	L（cm³/s）	R（cm³/s）	L（cm³/s）	R（cm³/s）	L（cm³/s）	R（cm³/s）	L（cm³/s）
4	0.072 29	0.422 53	0.491 12	0.514 13	0.586 09	0.726 77	0.818 09	0.958 56	1.069 80
5	0.075 69	0.263 96	0.315 74	0.390 08	0.445 40	0.527 95	0.599 18	0.715 00	0.801 45
6	0.080 90	0.180 09	0.208 66	0.247 01	0.285 58	0.373 41	0.427 53	0.521 30	0.589 11
7	0.088 80	0.110 71	0.130 54	0.176 61	0.213 25	0.259 66	0.297 17	0.371 46	0.421 42
8	0.101 78	0.066 11	0.081 16	0.105 85	0.126 30	0.173 78	0.202 64	0.256 63	0.294 90
9	0.128 00	0.034 02	0.044 53	0.061 59	0.075 52	0.111 83	0.130 58	0.175 66	0.199 32
10	0.281 99	0.006 80	0.017 60	0.013 83	0.034 79	0.029 54	0.069 37	0.053 73	0.117 60
计算总流量		14.659 06		19.008 825		26.576 80		33.592 48	
实测总流量		15.076 74		19.795 36		27.461 85		33.967 77	
相对误差		2.77%		3.57%		3.22%		1.10%	

剪切初始状态模型在 $\sigma_n = 1.91$ MPa 时不同水压作用下剪切初始状态实测总流量与计算总流量比较图见图 3-10。

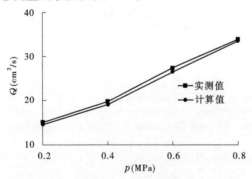

图 3-10 $\sigma_n = 1.91$ MPa 时不同水压作用（p）下剪切

初始状态总体流量（Q）实测值与计算值对比

从表 3-4 和图 3-10 可以看出,从通过裂隙的总计算流量和总实测流量相比较可以看出,二者相对误差[(实测流量−计算流量)/实测流量]绝对值最大为 3.57%,最小为 1.10%。考虑到试验过程中的操作误差,可以认为试验结果与计算结果较为接近,模拟结果能有效地反映剪切初始状态下水流的分布情况。在此基础上根据表 3-4 的计算结果,当 $\sigma_n = 1.91$ MPa 时不同水压作用下初始状态各计算部位单位面积流量数值见表 3-5。

表 3-5　$\sigma_n = 1.91$ MPa 时不同水压作用下剪切
初始状态各计算部位单位面积计算流量值

计算部位	0.2 MPa		0.4 MPa		0.6 MPa		0.8 MPa	
	R (cm^3/s)	L (cm^3/s)	R (cm^3/s)	L (cm^3/s)	R (cm^3/s)	L (cm^3/s)	R (cm^3/s)	L (cm^3/s)
1	13. 140 96	14. 225 16	16. 880 64	18. 082 80	23. 231 79	24. 631 42	29. 305 65	31. 409 49
2	10. 796 75	11. 929 45	14. 012 52	15. 356 37	18. 761 45	20. 433 44	23. 905 46	25. 933 97
3	7. 627 19	8. 776 24	10. 200 85	11. 596 76	14. 014 80	15. 753 80	18. 133 86	20. 228 37
4	5. 153 13	5. 963 60	7. 111 86	8. 107 26	10. 053 26	11. 316 47	13. 259 57	14. 798 33
5	3. 355 23	3. 907 21	4. 757 25	5. 488 12	6. 975 09	7. 916 15	9. 446 33	10. 588 47
6	2. 102 56	2. 455 73	3. 053 41	3. 530 19	4. 615 90	5. 284 90	6. 444 03	7. 282 26
7	1. 246 75	1. 470 06	1. 876 26	2. 176 27	2. 924 14	3. 346 55	4. 183 16	4. 745 78
8	0. 649 54	0. 797 39	1. 040 00	1. 240 92	1. 707 42	1. 990 97	2. 521 44	2. 897 45
9	0. 265 78	0. 347 89	0. 481 16	0. 589 97	0. 873 66	1. 020 14	1. 372 32	1. 557 16
10	0. 024 12	0. 062 41	0. 049 03	0. 123 37	0. 104 77	0. 245 98	0. 190 54	0. 417 03

剪切初始状态模型在 $\sigma_n = 1.91$ MPa 时不同水压作用下各计算部位单位面积流量对比结果见图 3-11,两侧不同计算部位流量相对误差值[(L 侧流量−R 侧流量)/L 侧流量]结果见图 3-12。

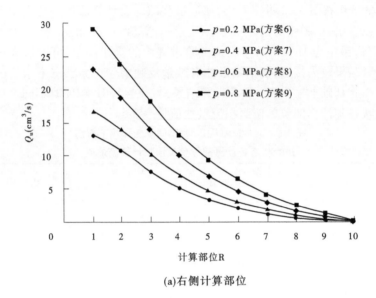

(a)右侧计算部位

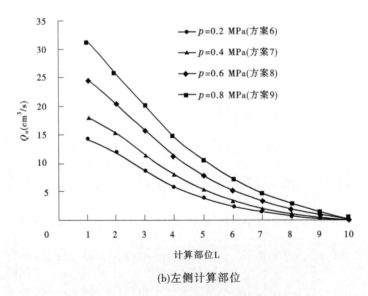

(b)左侧计算部位

图 3-11　$\sigma_n = 1.91$ MPa 时剪切初始状态不同水压

作用下各计算部位单位面积计算流量(Q_u)值

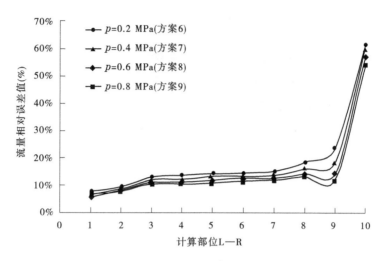

图 3-12　$\sigma_n = 1.91$ MPa 时剪切初始状态不同水压
作用下两侧计算部位单位面积流量相对误差值

从表 3-5 和图 3-11 中可以看出,由于 R(L)1 计算部位距通过注水孔的齿槽最近,因此 R(L)1 计算部位的单位面积流量值最大,其他部位依次偏离通过注水孔的齿槽越来越远,单位面积流量值越来越小。总体上,R(L)1 至 R(L)10 计算部位单位面积流量呈非线性趋势减小,并且减小速率越来越小,不同计算部位流量各不相同,说明了水流在裂隙中运行的各向异性。并且水压的增大只会使各部位单位面积流量在数值上产生变化,并不会改变其变化趋势。

此外,由于裂隙内部构造原因使得 L 侧单位面积流量均大于 R 侧对应单位面积流量,从图 3-11 中可以看出计算部位越偏离注水孔齿槽,相对误差值越大,但在计算部位 8 之前其增量不大,增量主要集中在计算部位 9 和 10。因为水压越大,流速越大,水流所挟带的可耗散能量越高,使得相对误差值越小,并且相对误差值随着水压的增大而减小也印证了这一现象。

从前文的比较结果可以看出,三维模型计算结果比较接近试验结果,比较符合试验情况。在此基础上可以通过分析模型得到的流速、流线分布图分析剪切过程中水流的分布情况。剪切初始状态模型在 $\sigma_n = 1.91$ MPa 时不同水压作用下流速矢量图及流线分布图如图 3-13~图 3-16 所示。

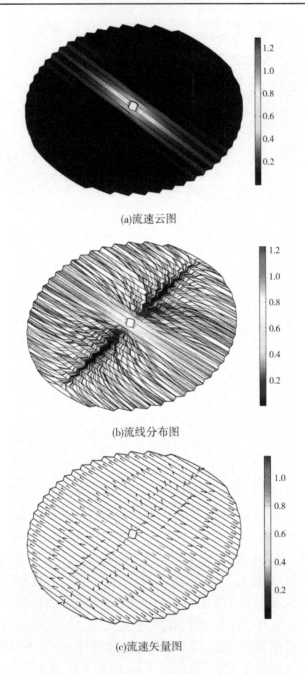

(a)流速云图

(b)流线分布图

(c)流速矢量图

图 3-13　剪切初始状态 $\sigma_n = 1.91$ MPa, $p = 0.2$ MPa 时流速分布计算结果　（单位:m/s）

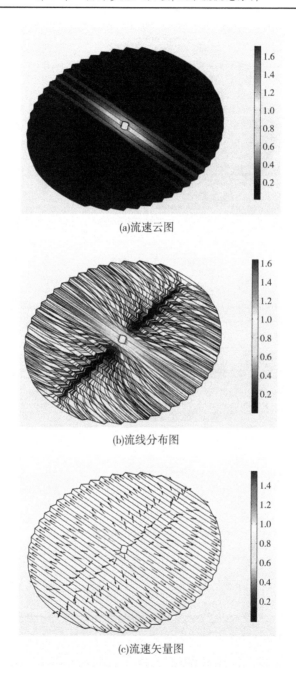

(a)流速云图

(b)流线分布图

(c)流速矢量图

图 3-14　剪切初始状态 $\sigma_n = 1.91$ MPa，$p = 0.4$ MPa 时流速分布计算结果　（单位：m/s）

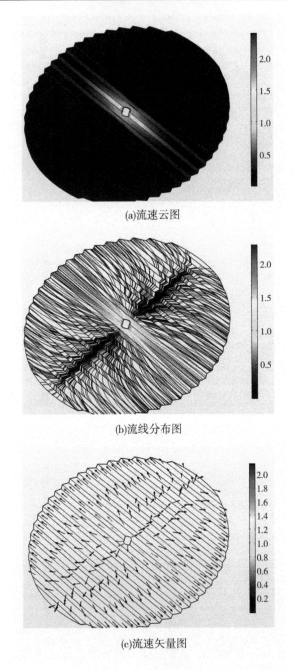

(a)流速云图

(b)流线分布图

(c)流速矢量图

图 3-15　剪切初始状态 $\sigma_n = 1.91$ MPa, $p = 0.6$ MPa 时流速分布计算结果　　（单位:m/s）

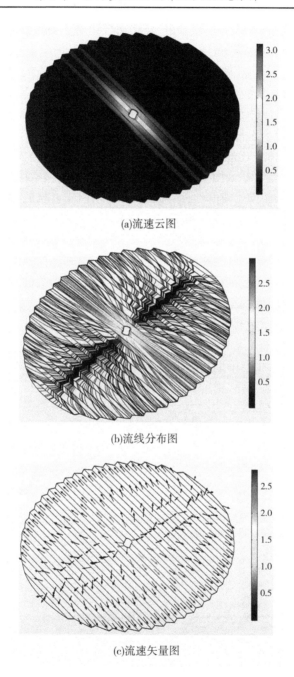

(a)流速云图

(b)流线分布图

(c)流速矢量图

图 3-16 剪切初始状态 $\sigma_n = 1.91$ MPa, $p = 0.8$ MPa 时流速分布计算结果 （单位:m/s）

从图 3-13~图 3-16 中可以看出,计算结果相对于通过注水孔并垂直于齿槽方向的轴线呈对称分布。由于顺齿槽方向水流行进阻力小,当水流翻越凸起齿时,相对应粗糙度、曲折率以及所耗散的能量都会提升,这使得高流速区域主要集中在通过注水孔的齿槽中,并呈小扇形范围扩散,因此水流从注水孔进入裂隙之后流速分布并不均匀。而垂直齿槽方向的流速较小,水流主要通过顺齿槽方向的小扇形区域流出裂隙。由于剪切初始状态下裂隙隙宽的分布较为均匀,所以流线分布也较为均匀,并且水压的增加仅会在流速数值上影响各计算结果(流速分布云图、流线分布图、流速矢量图)。因此可以看出,除结构面复杂几何形貌和水流非线性等因素影响外,由于齿槽的存在,剪切初始状态水流的运动并不是完全轴对称状态,这并不符合式(3-7)的假定,从而会导致试验结果与计算结果之间误差增大。此外,不同方向的水流迹线值和流速分布各不相同,说明了水流在裂隙中流动时有明显的各向异性,而且不同水流方向结构面几何形貌也各不相同,说明了结构面几何形貌的各向异性。

3.3.2.2　剪切峰值状态模型

剪切峰值状态所有模型采用与剪切初始状态模型相同的网格剖分模式,均采用四面体网格,其中最大网格尺寸为 1.18 mm,最小网格尺寸为 0.128 mm。与剪切初始状态模型相比,只有隙宽和裂隙上下结构面之间的相对位移不同。剪切峰值状态三维计算模型见图 3-17,局部网格剖分结果见图 3-18。

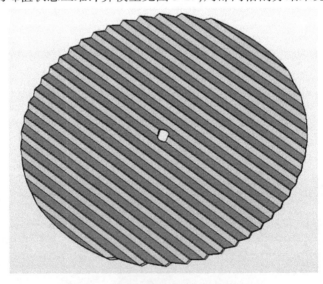

图 3-17　剪切峰值状态三维计算模型

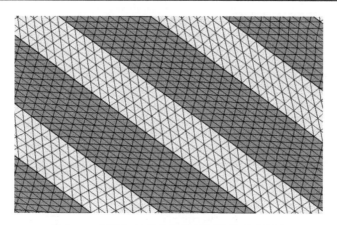

图 3-18　剪切初始状态模型局部网格剖分结果

模型计算边界条件如下:剪切峰值状态模型与剪切初始状态模型边界条件施加方式相同,出口处水压为 0,各方案入口处流速见表 3-6。

表 3-6　峰值剪切状态模型边界条件

方案	方案 6	方案 7	方案 8	方案 9
初始状态流量(cm^3/s)	24.20	32.63	42.77	54.11
初始状态进水口流速(m/s)	1.15	1.43	2.05	2.65

剪切峰值状态模型在 $\sigma_n = 1.91$ MPa 时不同水压作用下各计算部位流量、模型总流量及实测流量结果见表 3-7。

表 3-7　$\sigma_n = 1.91$ MPa 时剪切峰值状态不同水压下各计算部位参数及计算结果

计算部位	计算部位表面积（cm^2）	0.2 MPa		0.4 MPa		0.6 MPa		0.8 MPa	
		R (cm^3/s)	L (cm^3/s)	R (cm^3/s)	L (cm^3/s)	R (cm^3/s)	L (cm^3/s)	R (cm^3/s)	L (cm^3/s)
1	0.078 16	2.650 00	3.580 00	3.576 80	4.675 00	4.708 60	5.943 90	5.595 00	7.320 10
2	0.078 76	1.191 60	2.008 00	1.698 50	2.622 50	2.134 30	3.465 40	2.786 50	4.447 50
3	0.080 24	0.608 04	0.980 78	0.829 25	1.239 60	1.123 20	1.776 70	1.508 70	2.320 80
4	0.082 77	0.311 26	0.513 11	0.478 12	0.709 98	0.619 89	0.944 52	0.851 38	1.255 80

续表 3-7

计算部位	计算部位表面积（cm²）	0.2 MPa		0.4 MPa		0.6 MPa		0.8 MPa	
		R（cm³/s）	L（cm³/s）	R（cm³/s）	L（cm³/s）	R（cm³/s）	L（cm³/s）	R（cm³/s）	L（cm³/s）
5	0.086 61	0.148 16	0.264 80	0.184 26	0.324 16	0.328 65	0.536 73	0.465 96	0.741 61
6	0.092 50	0.058 46	0.122 69	0.076 22	0.155 08	0.151 67	0.281 07	0.228 16	0.406 49
7	0.101 40	0.015 79	0.045 25	0.022 96	0.060 69	0.057 64	0.126 63	0.095 67	0.195 61
8	0.115 94	0.001 83	0.009 61	0.003 26	0.014 96	0.012 83	0.043 38	0.026 86	0.075 68
9	0.145 04	0.000 11	0.000 38	0.000 22	0.000 99	0.001 12	0.006 78	0.003 32	0.017 15
10	0.306 35	0.000 02	0.000 08	0.000 03	0.000 12	0.000 05	0.000 18	0.000 09	0.000 66
计算总流量		25.019 97		33.545 40		44.526 48		56.686 07	
实测总流量		24.200 05		32.626 85		42.766 59		54.107 22	
相对误差		−3.39%		−2.82%		−4.12%		−4.77%	

剪切峰值状态模型在 $\sigma_n = 1.91$ MPa 时不同水压下各计算部位实测总流量与计算总流量对比结果见图 3-19。

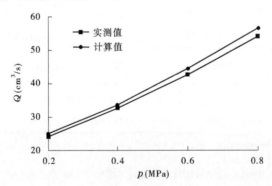

图 3-19　$\sigma_n = 1.91$ MPa 时不同水压（p）下剪切
峰值状态总体流量（Q）实测值与计算值对比

从表 3-7 和图 3-19 中可以看出计算流量与实测流量之间相对误差〔（实测流量−计算流量）／实测流量〕绝对值最大为 4.77%，最小为 2.82%，因此认为计算模型能有效地反映剪切峰值状态下的水流分布情况。当 $\sigma_n = 1.91$ MPa 时不同水压作用下各计算部位单位面积流量值见表 3-8。

表 3-8　$\sigma_n = 1.91$ MPa 时不同水压下剪切峰值状态各计算部位单位面积流量值

计算部位	0.2 MPa		0.4 MPa		0.6 MPa		0.8 MPa	
	R (cm^3/s)	L (cm^3/s)	R (cm^3/s)	L (cm^3/s)	R (cm^3/s)	L (cm^3/s)	R (cm^3/s)	L (cm^3/s)
1	33.904 41	45.802 94	39.364 94	53.415 44	62.801 21	78.605 78	74.141 91	96.213 04
2	15.129 37	25.494 95	17.756 32	29.488 06	27.098 54	43.999 11	35.379 32	56.468 53
3	7.577 74	12.223 05	9.088 3	14.202 35	13.997 97	22.142 26	18.802 29	28.923 15
4	3.760 45	6.199 08	4.568 21	7.369 40	7.489 13	11.411 11	10.285 85	15.171 81
5	1.710 64	3.057 36	2.127 45	3.742 72	3.794 56	6.197 03	5.379 93	8.562 56
6	0.632 07	1.326 43	0.824 05	1.676 60	1.639 74	3.038 71	2.466 69	4.394 65
7	0.155 70	0.446 27	0.226 47	0.598 50	0.568 48	1.248 83	0.943 48	1.929 11
8	0.015 81	0.082 86	0.028 10	0.129 03	0.110 69	0.374 16	0.231 68	0.652 76
9	0.000 79	0.002 64	0.001 49	0.006 84	0.007 69	0.046 75	0.022 90	0.118 25
10	0.000 06	0.000 27	0.000 09	0.000 39	0.000 15	0.000 60	0.000 28	0.002 15

剪切峰值状态模型在 $\sigma_n = 1.91$ MPa 时不同水压作用下各计算部位单位面积流量比较结果见图 3-20，两侧计算部位流量相对误差值〔（L 侧流量−R 侧流量）／L 侧流量〕见图 3-21。

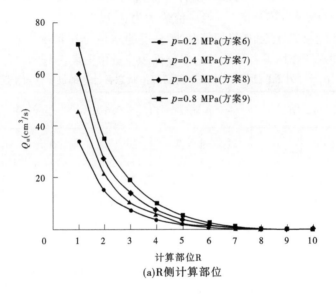

(a)R侧计算部位

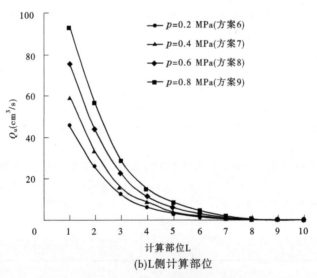

(b)L侧计算部位

图 3-20　$\sigma_n = 1.91$ MPa 时剪切峰值状态不同水压(p)

下各计算部位单位面积计算流量(Q_u)值

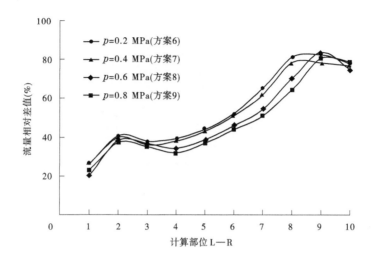

图 3-21　$\sigma_n = 1.91$ MPa 时不同水压下剪切峰值状态两侧
计算部位单位面积流量相对误差值

从表 3-8 和图 3-20 中可以看出,与剪切初始状态相同,R(L)1 计算部位单位面积流量值最大,并且计算部位越偏离注水孔齿槽,流量呈非线性趋势减小,减小速率逐渐降低。水压的增大只会使各计算部位单位面积流量在数值上增大,并不会影响其变化规律。与初始剪切状态相比,峰值剪切状态下计算部位偏离注水孔齿槽时,计算部位单位面积流量减小量大于初始剪切状态下相应计算部位单位面积流量的减小量。此外,同样由于裂隙构造原因使得 L 侧单位面积流量值大于 R 侧单位面积流量值。

从图 3-21 可以看出,除计算部位 2 至计算部位 3 外,其余计算部位之间的流量差值都呈上升趋势。不同之处在于与剪切初始状态相比,剪切峰值状态下各计算部位单位面积流量相对误差在计算部位 3 之后增量明显,而在计算部位 8~10 则呈现出一定的波动性。

从上述的比较结果可以看出,三维模型计算结果比较接近试验结果,比较符合试验情况。在此基础上剪切峰值状态模型在 $\sigma_n = 1.91$ MPa 时不同水压作用下流速矢量图及流线分布图如图 3-22~图 3-25 所示。

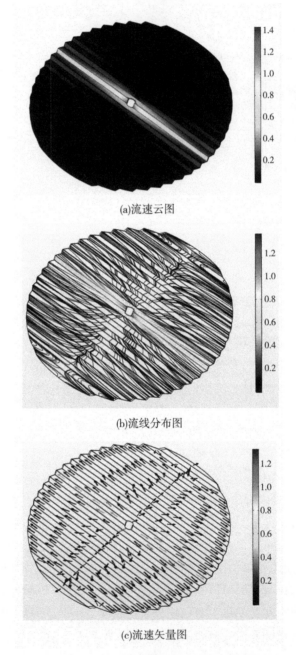

(a)流速云图

(b)流线分布图

(c)流速矢量图

图 3-22 $\sigma_n = 1.91$ MPa, $p = 0.2$ MPa 时剪切峰值状态流速分布计算结果 （单位:m/s）

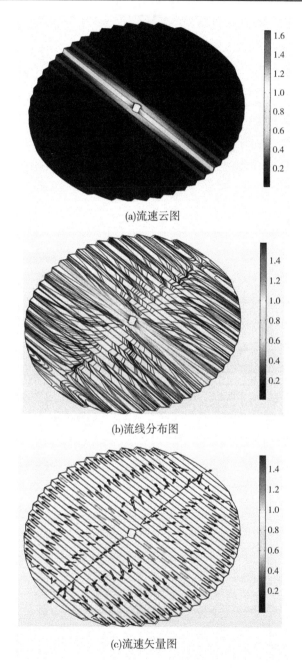

(a)流速云图

(b)流线分布图

(c)流速矢量图

图 3-23 $\sigma_n = 1.91$ MPa,$p = 0.4$ MPa 时剪切峰值状态流速分布计算结果 （单位:m/s）

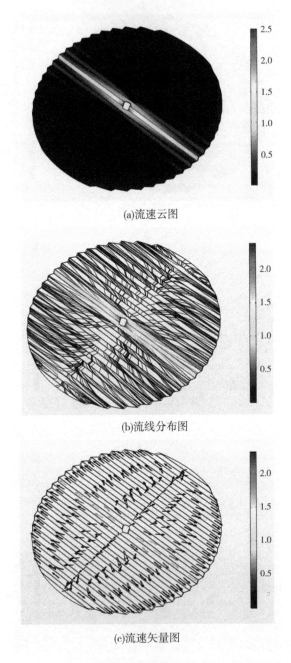

(a)流速云图

(b)流线分布图

(c)流速矢量图

图 3-24 $\sigma_n = 1.91$ MPa,$p = 0.6$ MPa 时剪切峰值状态流速分布计算结果 （单位:m/s）

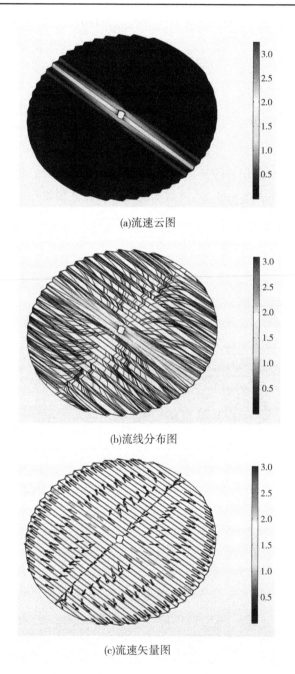

(a)流速云图

(b)流线分布图

(c)流速矢量图

图 3-25　$\sigma_n = 1\ 91$ MPa,$p = 0.8$ MPa 时剪切峰值状态流速分布计算结果　（单位:m/s）

从图 3-22~图 3-25 中可以看出,剪切峰值状态计算结果相对于通过注水孔垂直于齿槽方向的轴线呈对称分布。与剪切初始状态相比,剪切峰值状态流速、流线变化图有明显的改变。剪切峰值状态隙宽的增大,使得裂隙中所形成的空腔也随之增大,这导致水流通过注水进入孔裂隙时的受阻现象大大减弱,并且由于隙宽的不均匀分布使得流线分布相对于剪切初始状态更加紊乱。随着隙宽的增大及隙宽的不均匀分布,水流的非完全轴对称现象更为明显,加上结构面复杂几何形貌以及水流非线性等因素的影响,使得计算结果与实际结果相差更大。与剪切初始状态一样,水压仅会对计算数值产生影响,并不会很大程度上改变水流分布状态,并且水流的各向异性现象并没有减弱。

3.4　对辐向渗流立方定律修正

综上所述,不论是式(3-5)还是式(3-7),由于基础假定偏离实际情况,与试验结果相比仍然有较大的差距,因此当用辐向流立方定律描述裂隙渗流规律时需要根据具体情况对其进行修正。本节对辐向流立方定律的修正主要考虑实际隙宽的变化规律和高水压力对水流非线性现象的影响。核心思想是分析机械隙宽与水力隙宽的变化规律,建立二者在不同高水压作用下的经验公式,将得到的关系式代入式(3-7)中即可得到修正后的辐向流立方定律。

3.4.1　机械隙宽与水力隙宽的变化

一般常认为裂隙实际力学隙宽即为机械隙宽(e_m),通过立方定律反算得到的隙宽为水力隙宽(e_h)。e_h 是一种等效隙宽,是在立方定律一系列假定的基础上得到的,e_h 可以用来反映裂隙的过流能力及计算裂隙的渗透系数。通过建立 e_m 和 e_h 之间关系不仅可以分析立方定律与试验结果之间的误差,更能实现在考虑多因素的情况下对立方定律的修正。修正的核心思想是建立 e_m 和 e_h 之间的经验公式,在运用立方定律预测裂隙流量时将实测的机械隙宽带入公式中替代水力隙宽,这样可以使得计算结果更加符合实际情况。

对 e_m 和 e_h 之间关系的分析主要分为两个方面:通过建立不同法向应力和水压力作用下 e_m 和 e_h 之间的比值关系,分析立方定律与试验结果之间的误差来源;建立不同水压力作用下 e_m 和 e_h 之间的比值经验公式,利用式(3-7)进行修正。

结合试验数据,当 $p=0.6$ MPa 时不同法向应力作用下 e_m/e_h 随剪切位移 δ 的变化规律见图 3-26。

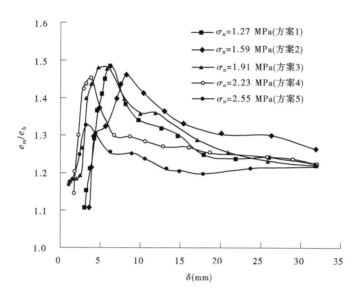

图 3-26　不同法向应力作用下 e_m/e_h 随剪切位移 δ 的变化规律

当 $\sigma_n = 1.91$ MPa 时不同水压作用下 e_m/e_h 随 δ 的变化规律见图 3-27。

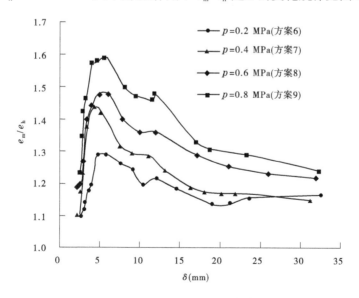

图 3-27　不同水压作用下 e_m/e_h 随剪切位移 δ 的变化规律

从图 3-26、图 3-27 中可以看出,e_m/e_h 随剪切位移的变化分为明显的两个阶段,分界点处 δ 为峰值剪切位移 δ_p。结构面破坏之前 e_m/e_h 值不断增大,结构面破坏之后 e_m/e_h 值降低并趋于定值,降低速率小于增加速率。这说明结构面破坏之前立方定律与试验数据之间的差距不断增大,这与 ΔQ 的变化规律相似,结构面破坏之后由于水流流动形态更加接近于轴对称辐向流,结构面粗糙度明显降低,使得立方定律逐渐接近于试验结果,但是由于碎屑填充物和残余齿的影响,较低的粗糙度、接触面积、曲折效应以及水流的非线性等因素仍然使立方定律偏离试验结果,使 e_m/e_h 值一直大于 1。法向应力主要决定裂隙的隙宽变化、残余齿高度以及碎屑填充物形式,从图 3-26 可以看出,e_m/e_h 则随着法向应力的增大而降低,因为隙宽越小,ΔQ 越小,立方定律越接近试验结果。从图 3-27 可以看出,水压对 e_m/e_h 值有较大的影响,因为水压越大,水流非线性影响越大,立方定律越偏离试验结果,因此水压越大,e_m/e_h 值越大。

3.4.2　修正方法及过程

由于 e_m/e_h 值随剪切位移的变化分为明显的两个阶段,因此对辐向流立方定律修正时也分为两个阶段,以 δ_p 为分界点。结合图 3-26 中的结果,拟合得到 e_m 和 e_h 在不同阶段、不同水压作用下的经验公式。为了统一量纲,用水力梯度(J)(水头/渗径)大小反映水压的大小。

当 $\delta < \delta_p$,$\sigma_n = 1.91$ MPa 时不同水压作用下 e_m 和 e_h 关系图及拟合结果见图 3-28。

当 $\delta > \delta_p$,$\sigma_n = 1.91$ MPa 时不同水压作用下 e_m 和 e_h 关系图及拟合结果见图 3-29。

拟合结果显示 e_m 和 e_h 有如下关系:

$$e_h = ae_m + b \tag{3-10}$$

式中:a、b 为拟合参数。

剪切过程中 e_m 和 e_h 经验公式拟合参数值见表 3-9。

从拟合结果可以看出,e_m 和 e_h 呈现出良好的线性关系,e_h 都会随着 e_m 的增大而增大,只是不同水压作用下的增加速率不同。在此基础上本节分析了不同水压作用下拟合参数 a、b 的变化规律。

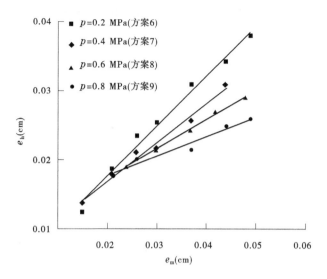

图 3-28　$\delta < \delta_p$, $\sigma_n = 1.91$ MPa 时不同水压作用下
拐点前机械隙宽(e_m)和水力隙宽(e_h)关系图

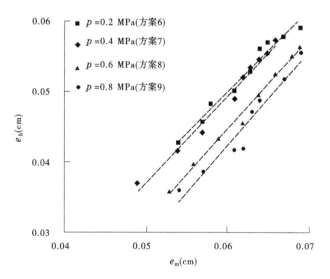

图 3-29　$\delta > \delta_p$, $\sigma_n = 1.91$ MPa 时不同水压作用下
拐点后机械隙宽(e_m)和水力隙宽(e_h)关系图

表 3-9　　机械隙宽和水力隙宽关系曲线拟合结果参数值

J		200	400	600	800
拐点之前	a	0. 720 2	0. 567 6	0. 422 1	0. 306 3
	b	0. 003 4	0. 005 5	0. 009	0. 011 1
	R^2	0. 985 1	0. 986 7	0. 995 5	0. 966 2
拐点之后	a	1. 170 5	1. 221 5	1. 286 1	1. 336 4
	b	−0. 020 2	−0. 023 9	−0. 032 5	−0. 037 8
	R^2	0. 970 3	0. 982 3	0. 991 9	0. 938 7

当 $\delta<\delta_p$，$\sigma_n = 1.91$ MPa 时不同水力水压作用下拟合参数 a、b 随 J 的变化规律及拟合结果见图 3-30。

从拟合结果可以得到参数 a、b 与水力梯度 J 的关系如下：

$$
\begin{cases}
a = -0.000\ 7J + 0.850\ 8 \\
b = 0.000\ 013J + 0.000\ 6
\end{cases}
\quad \delta < \delta_p
$$
$$
\begin{cases}
a = 0.000\ 28J + 1.113\ 05 \\
b = -0.000\ 031J + 0.013\ 25
\end{cases}
\quad \delta > \delta_p
\tag{3-11}
$$

将式(3-11)代入式(3-10)中即可得到考虑水头变化的 e_m 和 e_h 关系式：

$$
\begin{cases}
e_h = (-0.000\ 7J + 0.850\ 8)e_m + 0.000\ 013J + 0.000\ 6 & \delta < \delta_p \\
e_h = (0.000\ 28J + 1.113\ 05)e_m - 0.000\ 031J + 0.013\ 25 & \delta > \delta_p
\end{cases}
\tag{3-12}
$$

将式(3-11)代入式(3-7)即可得到修正后的立方定律公式：

$$
\begin{cases}
Q = \dfrac{\pi g}{6\upsilon}\dfrac{\Delta h}{r}\left[(-0.000\ 7J + 0.850\ 8)e_m + 0.000\ 013J + 0.000\ 6\right]^3 & \delta < \delta_p \\[3mm]
Q = \dfrac{\pi g}{6\upsilon}\dfrac{\Delta h}{r}\left[(0.000\ 28J + 1.113\ 05)e_m - 0.000\ 031J + 0.013\ 25\right]^3 & \delta > \delta_p
\end{cases}
\tag{3-13}
$$

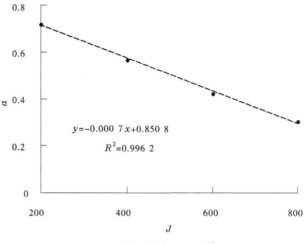

(a) a 随水力梯度(J)的变化规律

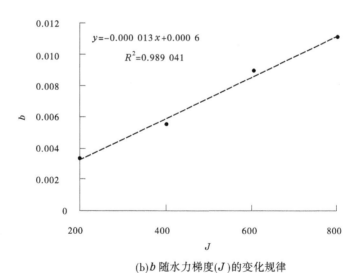

(b) b 随水力梯度(J)的变化规律

图 3-30　$\delta < \delta_p$，$\sigma_n = 1.91$ MPa 时不同水压作用下
拟合参数 a、b 随水力梯度(J)的变化规律

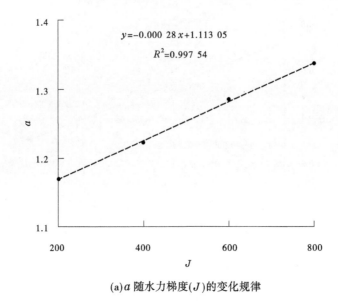

(a) a 随水力梯度(J)的变化规律

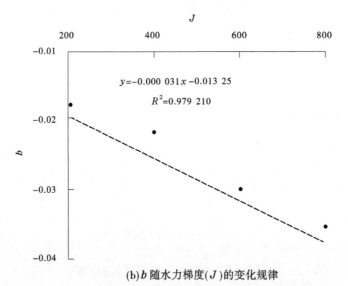

(b) b 随水力梯度(J)的变化规律

图 3-31　$\delta > \delta_p$，$\sigma_n = 1.91$ MPa 时不同水压作用下
拟合参数 a、b 随水力梯度(J)的变化规律

3.5　渗透系数变化规律

单裂隙渗透系数(k)可通过以下公式确定[13]：

$$k = \frac{g e_h^2}{12 v} \qquad (3-14)$$

其中，e_h 可通过式(3-13)确定，也可通过式(3-7)反算确定。

根据试验结果，当 $p = 0.6$ MPa 时不同法向应力作用下渗透系数 k 随剪切位移 δ 的变化规律见图 3-32。

当 $\sigma_n = 1.91$ MPa 时不同水压力作用下 k 随 δ 的变化规律见图 3-33。

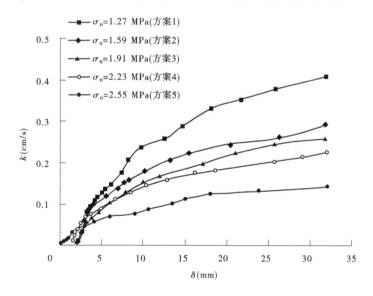

图 3-32　$p = 0.6$ MPa 时不同法向应力作用下
渗透系数(k)随剪切位移(δ)变化规律

从图 3-32、图 3-33 中可以看出，不论是不同法向应力作用还是不同水压作用下，剪切过程中渗透系数都会增大，并且增量明显。渗透系数增大的主要原因是剪胀现象引起隙宽的增大，并且渗透系数的增大分为两个阶段。剪切初始阶段渗透系数增量较大，随后增量逐渐减低并趋于零。从图 3-32 中可以看出，法向应力的变化对渗透系数影响较大，并且法向应力越大，渗透系数越小。当 σ_n 从 1.27 MPa 增大到 1.59 MPa、1.91 MPa、2.23 MPa、2.55 MPa 时，k 最大值从 0.41 cm/s 降低到 0.29 cm/s、0.25 cm/s、0.22 cm/s、0.14 cm/s。

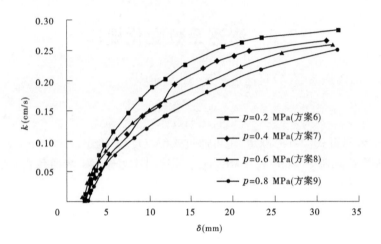

图 3-33　$\sigma_n = 1.91$ MPa 时不同水压作用下
渗透系数(k)随剪切位移(δ)变化规律

法向应力会直接影响隙宽的变化、结构面的破坏状态及碎屑填充物的堆积形式,使得法向应力对渗透系数的影响相似于法向应力对隙宽的影响,这些因素会直接影响裂隙的渗透性。而不同法向应力作用下渗透系数曲线的波动变化则是由碎屑填充物的不同堆积形式造成的。从图 3-32 中可以看出,水压也会对渗透系数产生影响,理论上裂隙渗透系数是裂隙自身的性质,但是通过辐向流立方定律反算的 e_h 没有考虑水流的非线性影响,使得计算得到的裂隙渗透系数也因为水流非线性的影响而出现水压越大、渗透系数越小的现象。当 p 从 0.2 MPa 增加到 0.4 MPa、0.6 MPa、0.8 MPa 时,k 最大值从 0.29 cm/s 降低到 0.28 cm/s、0.27 cm/s、0.26 cm/s。

3.6　水流非线性分析

从上述的结果可以看出,当裂隙结构面形貌复杂,水流流速较大时水流的非线性影响不容忽视。而从微观角度分析非线性影响时求解 N-S 方程极其困难,目前已有诸多成果专注于从宏观角度分析水流非线性问题。目前,从宏观角度分析水流非线性问题的模型主要有 Forchheimer 公式和 Izbash 公式。

Forchheimer 公式:

$$-\nabla p = aQ + bQ^2 \tag{3-15}$$

式中:$-\nabla p$ 为水力梯度;a、b 分别为线性系数和非线性系数;Q 为通过裂隙的流量。

Izbash 公式：

$$- \nabla p = \lambda Q^m \tag{3-16}$$

式中：λ、m 分别为经验参数。当 $m = 1$ 时，水流处于层流状态；当 $m = 2$ 时，水流处于完全紊流状态；当 $1 < m < 2$ 时，水流处于介于层流和紊流之间的非线性状态。

Forchheimer 公式和 Izbash 公式都是从宏观角度分析水力梯度与流量之间的关系，通过分析各参数之间的变化规律，对水流的非线性变化进行研究。一般学者们通过确定临界雷诺数（Re_c）来判断水流是否处于非线性状态，认为雷诺数（Re）大于 Re_c 时水流处于非线性状态，并通过分析剪切过程中各参数及 Re_c 的变化来分析水流非线性变化。Zeng 和 Grigg[119] 在 Forchheimer 公式的基础上提出水流非线性判断系数 E，其计算公式如下：

$$E = \frac{bQ^2}{aQ + bQ^2} \tag{3-17}$$

Zimmerman[90] 指出当非线性项与总项之比小于 10% 时水流处于线性状态，E 小于 10%。同时，雷诺数可以通过以下公式确定：

$$Re = \frac{\rho u D}{\mu} = \frac{\rho Q}{\mu w} \tag{3-18}$$

式中：ρ 为水流密度；u 为水流平均速度；D 为与裂隙形貌尺寸相关的参数；μ 为水流动力黏滞系数；w 为裂隙宽度。

令 $E = 10\%$，将式（3-17）代入式（3-18）则可得到 Re_c 计算公式：

$$Re_c = \frac{\rho u D}{\mu} = \frac{a\rho}{9b\mu w} \tag{3-19}$$

本节在 Forchheimer 公式和 Izbash 公式的基础上，结合试验数据对不同剪切位移处 $-\nabla p$ 和 Q 的关系进行拟合，得到不同剪切位移处 a、b、λ、m 值，对各参数及 Re_c 随剪切位移的变化规律进行分析。

3.6.1　基于 Forchheimer 公式

结合 Forchheimer 公式，不同剪切位移处 $-\nabla p$ 和 Q 关系曲线和拟合结果见图 3-34。

结合 Forchheimer 公式，当 $\sigma_n = 1.91$ MPa 时不同水压力作用下，不同剪切位移处线性系数 a、非线性系数 b、可决系数 R^2 及 Re_c 值见表 3-10。

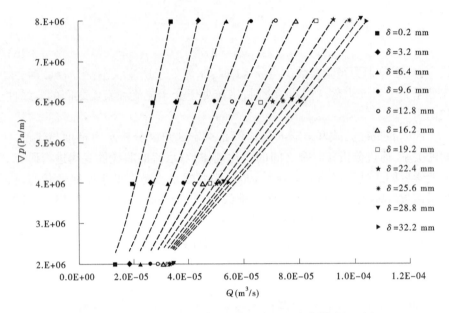

图 3-34　$\sigma_n = 1.91$ MPa 时不同水压作用下水力梯度(∇p)与
流量(Q)关系曲线及 Forchheimer 公式拟合结果

表 3-10　$\sigma_n = 1.91$ MPa 时不同水压作用下 Forchheimer 公式
各参数拟合结果及 Re_c 计算结果

δ (mm)	a (Pa·s/m^4)	b (Pa·s^2/m^7)	R^2	Re_c
0	1.24E+11	3.35E+15	0.993	7.328
3.2	1.45E+11	4.08E+15	0.991	7.196
6.4	8.87E+10	1.92E+15	0.988	8.951
9.6	6.33E+10	1.09E+15	0.988	11.457
12.8	6.27E+10	7.58E+14	0.986	16.400
16	6.18E+10	5.34E+14	0.986	22.939
19.2	6.17E+10	3.89E+14	0.986	31.439

续表 3-10

δ (mm)	a (Pa · s/m^4)	b (Pa · s^2/m^7)	R^2	Re_c
22.4	6.06E+10	2.79E+14	0.988	43.032
25.6	6.04E+10	1.99E+14	0.988	60.176
28.8	6.00E+10	1.62E+14	0.990	73.194
32	5.96E+10	1.43E+14	0.991	82.730

从拟合结果可以看出不同剪切位移处,试验结果与 Forchheimer 公式拟合得到的可决系数(R^2)变化范围为 0.986～0.993。这说明试验结果能很好地吻合 Forchheimer 公式,同样 Forchheimer 公式能很好地反映单裂隙水流的非线性渗流过程。

其中,线性系数 a 随 δ 变化曲线见图 3-35。

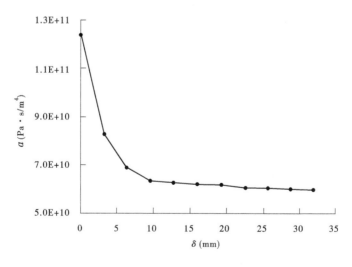

图 3-35　σ_n = 1.91 MPa 时不同水压作用下 Forchheimer

公式线性系数 a 随剪切位移 δ 变化规律

非线性系数 b 随 δ 变化曲线见图 3-36。

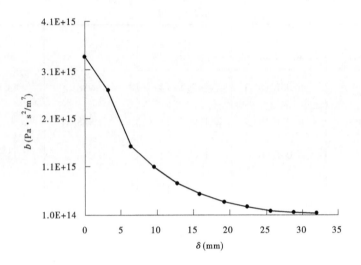

图 3-36　Forchheimer 公式非线性系数 b 随 δ 变化规律

从图 3-35、图 3-36 可以看出,剪切过程中线性系数 a 和非线性系数 b 值都会随着剪切位移的增加而减低。其中,a 在 $\delta = 0$ mm 时由初始值 1.24E+11 迅速降低到降低到 $\delta = 9.6$ mm 时的 6.06E+10,之后逐渐稳定。相比之下,b 变化曲线则比较缓慢。根据 Forchheimer 公式的数学形式可以看出,a 和 b 在剪切过程中不断降低则代表裂隙的过流能力在不断增加,裂隙的导水性能也在不断提升。而 a 和 b 的不同变化趋势则是由结构面复杂几何形貌和水流非线性等因素造成的。可以通过 a 的变化反映裂隙固有渗透系数的变化,其中 a 随剪切位移的变化与裂隙固有渗透系数随剪切位移变化的规律相反。从 b 的降低可以看出剪切过程中水流在裂隙中流动时的非线性现象有所降低,这主要因为剪切过程中由于结构面的破坏和碎屑填充物的影响使得水流流态更加稳定。此外,b 还能反映水流在流动过程中由惯性力而引起的能量耗散的变化趋势,b 值越小说明由惯性力引起的能量耗散越低。

Re_c 随 δ 变化曲线见图 3-37。

3.6.2　基于 Izbash 公式

结合 Izbash 公式,当 $\sigma_n = 1.91$ MPa 时不同水压力作用下,不同剪切位移处-∇p 和 Q 关系曲线和拟合结果见图 3-38。

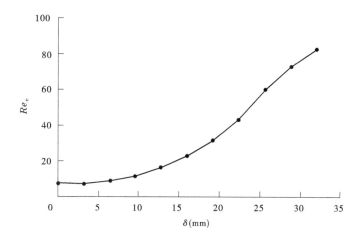

图 3-37　Forchheimer 公式 Re_c 随 δ 变化规律

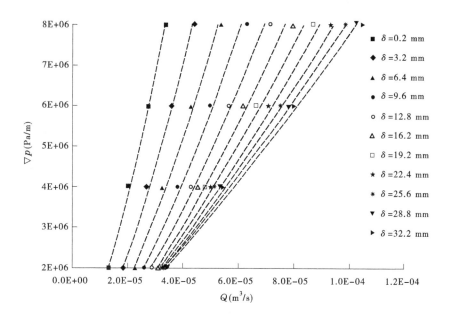

图 3-38　水力梯度与流量关系曲线及 Izbash 公式拟合结果

结合 Izbash 公式,当 $\sigma_n = 1.91$ MPa 时不同水压力作用下,公式参数 λ、m 及可决系数 R^2 值见表 3-11。

表 3-11　$\sigma_n = 1.91$ MPa 时不同水压作用下 Izbash 公式各参数拟合结果

δ(mm)	λ	m	R^2
0	3.53E+13	1.484	0.992
3.2	6.35E+13	1.580	0.991
6.4	5.41E+13	1.595	0.991
9.6	3.88E+13	1.586	0.993
12.8	2.00E+13	1.538	0.988
16.0	9.41E+12	1.475	0.988
19.2	4.85E+12	1.417	0.987
22.4	2.44E+12	1.355	0.987
25.6	1.37E+12	1.304	0.986
28.8	9.39E+11	1.265	0.988
32.0	7.54E+11	1.246	0.989

从拟合结果可以看出,试验结果与 Izbash 公式拟合得到的可决系数 R^2 变化范围为 0.986~0.993。这说明试验结果能很好地吻合 Izbash 公式,同样 Izbash 公式能很好地反映单裂隙水流的非线性渗流过程。其中,λ 随剪切位移的变化过程见图 3-39。参数 m 随剪切位移的变化过程见图 3-40。

从图 3-39 和图 3-40 可以看出,与 a 和 b 随 δ 的变化趋势相同,λ 和 m 会随 δ 的增大而减小。同样,通过 Izbash 公式的数学形式可以看出剪切过程中裂隙的过流能力在不断增大,其现象分析与 Forchheimer 公式一致。不同之处是 Izbash 公式可以通过 m 的大小直接判断水流的流动状态,对于本节试验从 m 的变化可以直观地看出剪切过程中水流一直处于非线性状态,即水流非线性现象对渗流规律的影响存在于整个剪切过程中。m 在剪切过程中逐渐降低说明水流的非线性在不断减弱,这与 Forchheimer 公式对水流的非线性分析结果相吻合。

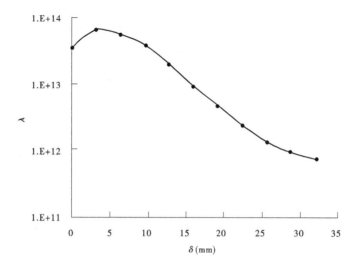

图 3-39　$\sigma_n = 1.91$ MPa 时不同水压作用下 Izbash 公式
参数 λ 随剪切位移 δ 变化规律

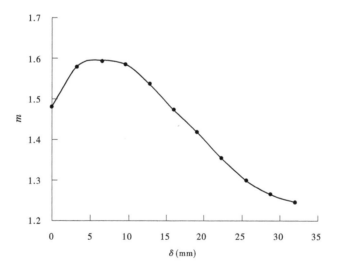

图 3-40　$\sigma_n = 1.91$ MPa 时不同水压作用下 Izbash 公式
参数 m 随剪切位移 δ 变化规律

3.7　本章小结

本章主要分析了不同水压作用下剪切过程中水流在裂隙中的运动规律，推导了辐向流立方定律公式并进行了验证。通过 COMSOL Multiphysics 软件建立了剪切初始状态和剪切峰值状态下的三维渗流模型，结合试验现象和模拟结果对试验结果和辐向流立方定律之间的误差产生原因进行了分析。建立了不同水压作用下机械隙宽与水力隙宽之间的经验关系，对辐向流立方定律进行修正。基于 Forchheimer 公式和 Izbash 公式分析剪切过程中水流非线性变化过程，主要得到以下结论：

（1）推导了一种更加接近试验结果的辐向流立方定律，结合试验现象和数值模拟结果对辐向流立方定律和试验结果之间的误差来源进行了分析。结构面破坏之前粗糙度较大，曲折效应明显，并且水流的流动方向和结构面几何特性都呈现出明显的各向异性，使得辐向流立方定律与试验结果之间的误差较大。结构面破坏之后各影响因素逐渐衰弱，误差也逐渐减小。此外，整个剪切过程中由于高水压引起的水流非线性现象提升比较显著，并且影响着辐向流立方定律的精度。

（2）基于试验结果建立了不同高水压作用下机械隙宽与水力隙宽之间的经验关系，对辐向流立方定律进行修正，分析了不同法向应力和水压力作用下裂隙渗透系数变化规律。结果表明，以峰值剪切位移为分界点，机械隙宽与水力隙宽之间呈现出两个阶段的线性关系，并且拟合参数与水压力之间也呈线性关系。剪切过程中渗透系数增量明显。增大的法向应力通过减小隙宽和改变结构面几何形貌的方式降低渗透系数，不同水压力作用下渗透系数的不同从侧面印证了高水压对水流非线性现象的影响。

（3）基于 Forchheimer 公式和 Izbash 公式，从宏观角度分析了剪切过程中水流的非线性变化规律，建立了临界雷诺数与剪切位移之间的关系。发现 Forchheimer 公式以及 Izbash 公式能很好地描述高水压作用下剪切过程中的水流非线性变化过程，并且发现水流非线性现象会随着结构面的破坏而逐渐减弱。

第 4 章　裂隙结构面接触率及接触形式对渗流的影响规律

裂隙并非理想平行板,而会有接触的存在,渗流因此会出现曲折效应,这将对裂隙的渗透特性产生很大影响。正因为裂隙接触的存在,使得立方定律往往存在高估渗流量的现象。而又因为裂隙接触的形式各异,使得考虑接触面积的修正公式存在偏差。本章将对曲折效应进行研究,曲折效应分为裂隙面外曲折效应和裂隙面内曲折效应。裂隙面外曲折效应主要是因为裂隙面起伏引起的粗糙度和隙宽的变化造成裂隙通道曲折。裂隙面内曲折效应主要是因为接触和填充物使流动路径曲折迂回。本章将通过试验及数值模拟研究接触率和接触形式对渗流的影响规律。

4.1　裂隙结构面接触试验

4.1.1　试验方案

本章试验选取第 2 章光滑试件作为本次试验的基础试件。将光滑试件的裂隙面以圆心为中心等分成 36 块小扇形,在裂隙面半径的 1/3 处开始粘贴直径为 6 mm 和厚度为 0.1 mm 的圆形金属垫片。施加法向压力均为 1.910 MPa,因为仅仅考虑接触对渗流的效应,所以不必对裂隙进行剪切。进行渗流试验的裂隙试件接触的形式分为以下两种方案。

方案一,接触方式模拟依次错开的裂隙,如图 4-1 所示。将 18 个垫片均匀粘贴在每圈圆弧上,而后以每圈增加 6 mm 半径的速度依次错开粘贴在第 2,3,4,…,9 圈上,最后在第 1 圈靠圆心 6 mm 处粘贴一圈垫片,称为内 1 圈,如图 4-1(j)所示。分别在增加每一圈垫片后通入 0.1 MPa,0.2 MPa,…,0.5 MPa,0.6 MPa 的六种水头进行渗流试验,并测量其每增加一圈垫片后不同水头下的渗流量,试验工况如表 4-1 所示,其中接触率为 0 即为不粘贴金属垫片。

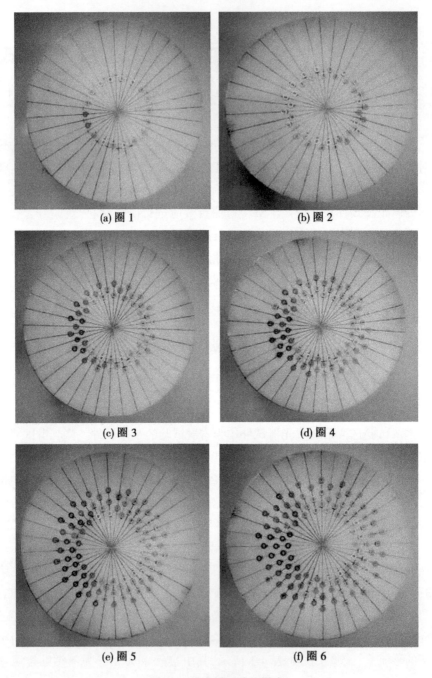

(a) 圈 1　　　　　　　　　　　(b) 圈 2

(c) 圈 3　　　　　　　　　　　(d) 圈 4

(e) 圈 5　　　　　　　　　　　(f) 圈 6

图 4-1　依次错开试件样式

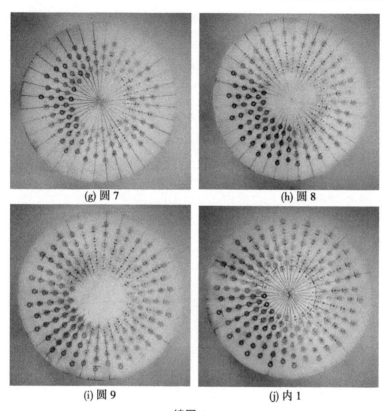

(g) 圆 7 (h) 圆 8

(i) 圆 9 (j) 内 1

续图 4-1

表 4-1 方案一接触率渗流试验方案

试验工况	接触方式	垫片圈数	接触率	水头压力（MPa）	法向应力（MPa）
工况 1		无垫片	0		
工况 2		圈 1	0.016 2	0.1	
工况 3		圈 2	0.032 4		
工况 4	依次错开	圈 3	0.046 8	0.2	1.910
工况 5		圈 4	0.064 8	0.3	
工况 6		圈 5	0.081 0	0.4	
工况 7		圈 6	0.972 0	0.5	

续表 4-1

试验工况	接触方式	垫片圈数	接触率	水头压力 （MPa）	法向应力 （MPa）
工况 8		圈 7	0.113 4		
工况 9	依次错开	圈 8	0.129 6	0.6	1.910
工况 10		圈 9	0.145 8		
工况 11		内 1	0.162 0		

　　方案二,接触方式模拟依次排列的裂隙,如图 4-2 所示。将 18 个垫片均匀粘贴在每圈圆弧上,而后以每圈增加 6 mm 半径的速度依次粘贴第 2,3,4,…,9 圈上。恒定法向压力采用 1.910 MPa,增加每一圈垫片后均通入 0.1 MPa 的水头进行渗流试验,并测量其每增加一圈垫片后的渗流量,试验工况如表 4-2 所示,同样接触率为 0 即为不粘贴金属垫片。

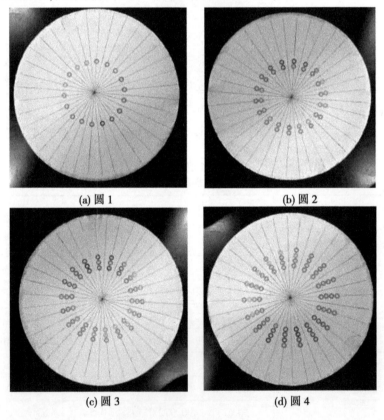

(a) 圆 1　　　　　　　　　　　(b) 圆 2

(c) 圆 3　　　　　　　　　　　(d) 圆 4

图 4-2　依次排列试件样式

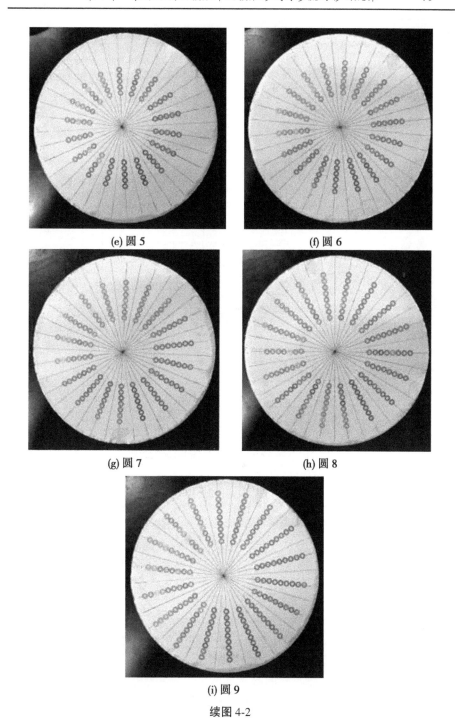

(e) 圆 5　　　　　　　　　(f) 圆 6

(g) 圆 7　　　　　　　　　(h) 圆 8

(i) 圆 9

续图 4-2

表 4-2　方案二接触方式渗流试验方案

试验方案	接触方式	垫片圈数	接触率	水头压力 （MPa）	法向应力 （MPa）
工况 12		无垫片	0		
工况 13		圈 1	0.016 2		
工况 14		圈 2	0.032 4		
工况 15		圈 3	0.046 8		
工况 16	依次排列	圈 4	0.064 8	0.1	1.910
工况 17		圈 5	0.081 0		
工况 18		圈 6	0.972 0		
工况 19		圈 7	0.113 4		
工况 20		圈 8	0.129 6		
工况 21		圈 9	0.145 8		

4.1.2　试验数据分析

　　通过裂隙接触率的渗流试验研究,分析裂隙的渗流能力与接触率之间的关系。方案一中依次错开的接触形式对渗流的影响规律如图 4-3 所示。从图 4-3(a)中可以看出,渗流量随接触率的增大而减小,从接触率为 0 到接触率为 0.162 的过程中,渗流的减小量为 46.35% ~ 48.37%。当渗透水压为 0.1 MPa 时,逐圈粘贴垫片增加接触率,渗流量逐级减少,然而减小量却在变小,变化曲线类似反比例函数。当渗透水压逐级增大时,渗流量依然随接触率增大而减小,然而这种类似指数函数的凹函数性质随着水压的增大将逐渐变得线性。

　　从图 4-3(a)中可以发现,在逐圈放置垫片时渗流量持续减小,但减小量逐渐降低,然而在内 1 圈放置了垫片后渗流量的减小量将明显增大。图 4-4(b)中增加的最后一段接触率同样使得渗透率大幅下降。方案一为依次错开每圈粘贴 18 个垫片,虽然每环的接触面积是一样的,但是相对于每一圈的环接触率而言是逐圈减小的,因此会有在接触率逐渐增加时,渗流量和渗透率的减小量却逐渐降低的现象。然而在内 1 圈同样粘贴 18 个垫片后,发现渗流量和渗透率的减小量将不再持续降低,而是减小量将增大。这说明辐向流裂隙渗透特性不但跟总接触率有关,而且受环接触率大小的影响。

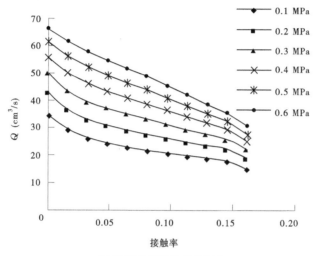

(a)渗流量随接触率的变化

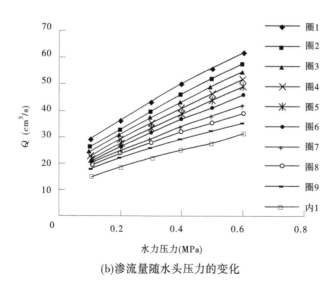

(b)渗流量随水头压力的变化

图 4-3　方案一对渗流量的影响

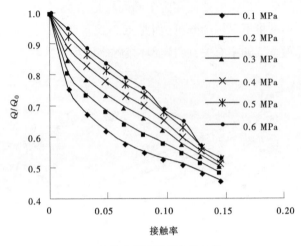

(c)流量比值随接触率的变化

续图 4-3

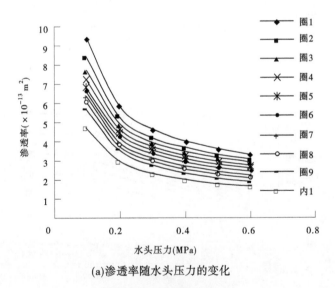

(a)渗透率随水头压力的变化

图 4-4　方案一对渗透率的影响

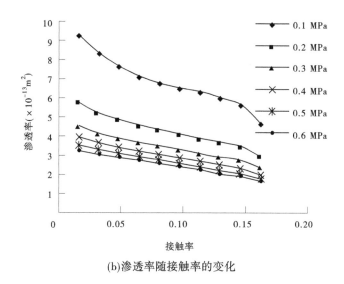

(b)渗透率随接触率的变化

续图 4-4

　　为了研究接触形式对渗流的影响,在法向应力为 1.910 MPa 和水压为 0.1 MPa 时进行方案二的渗流试验。方案一与方案二的试验表征了裂隙接触形式对渗流的影响,其渗流量的变化随接触率的增加如图 4-5(a)所示。方案一所示依次错开的接触形式的裂隙,随着接触率的增加,渗流量依指数函数形式逐渐减小。而对于方案二所示依次排列的接触形式的裂隙,在增加到第 2 圈接触时,渗流量的变化很小,在增加到第 9 圈接触时的渗流量与只有第 1 圈接触时的流量相比,减小量甚微,减小量仅为 1.090 cm³/s。而方案一在接触增加到第 9 圈时的渗流量与只有第 1 圈接触时的流量相比减小了 11.599 cm³/s。渗透率的变化亦是如此,在随接触率的增加时,方案一所示的裂隙的渗透率的减小量比方案二的要大。这是因为裂隙的渗流特性不仅与接触率的大小有关,而且与接触形式有关。

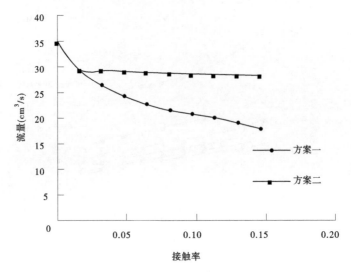

(a)流量随接触率的变化

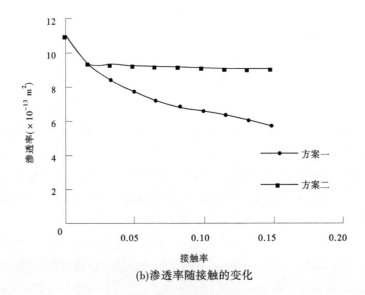

(b)渗透率随接触的变化

图 4-5　方案二渗流对比

4.2 裂隙接触数值模拟

4.2.1 数值模拟方案

为了研究裂隙接触形式对渗流状态的影响,本章运用 COMSOL Multiphysics 软件对三种接触样式的裂隙数值模拟渗流。

方案一的接触区域为 9 圈依次错开的裂隙接触形式,如图 4-6 所示。入口流速根据渗流试验测出的流量反算得到,通入 0.1 MPa 的水头测出的流量为 17.955 cm³/s,则入口流速应设为 714.407 cm/s。

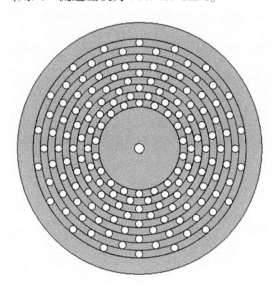

图 4-6 方案一数值模拟接触分布形式

方案二的接触区域为 9 圈依次排列的裂隙接触形式,如图 4-7 所示。入口流速根据渗流试验测出的流量反算得到,通入 0.1 MPa 的水头测出的流量为 28.464 cm³/s,则入口流速应设为 1 132.545 cm/s。

在直剪平行板试件中,每行放置相同个数的垫片后,每行垫片对应所占的接触比是相同的。由于辐向流试件区别于直剪平行板试件,如果在每环中放置相同个数的垫片,则半径越大所在圆环处的接触率会越来越小。于是本章提出了一个环接触率的概念,即研究每环所在区域的接触率大小对裂隙渗流的影响,而不只是单单看整个裂隙面的接触率对渗流的影响。因此,为了研究

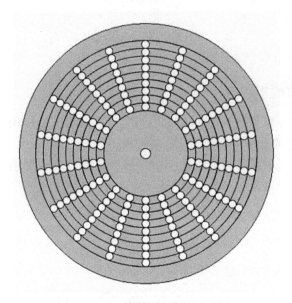

图 4-7　方案二数值模拟接触分布形式

环接触率对渗流的影响,通过数值模拟进行了第三种方案的研究。

方案三分为两种环接触率,一种环接触率为 0.375,如图 4-8(a)所示;另一种环接触率为 0.563,如图 4-8(b)所示,入口速度皆为 0.1 m/s。

(a) 环接触率为 0.375
图 4-8　方案三数值模拟接触分布形式

(b) 环接触率为 0.563

图 4-8　方案三数值模拟接触分布形式

4.2.2　数值模拟分析

对方案一所示的接触裂隙进行了数值计算,结果如图 4-9 所示。从图 4-9 (a)中可以看出,辐向流呈现明显的扩散现象,从入口处流速为 7.14 m/s 减小到出口处的 0.29 m/s。为了进一步研究流速在通道内的变化,对图 4-10(a)所示的截线通道处的速度数据进行调取。速度沿半径方向的变化如图 4-10 (b)所示,在半径为 4~30.77 mm 的范围内,流速呈非线性减小,减小速率越来越低。在半径为 30.77~33.33 mm 处,虽未到接触区域,然而接触对渗流流速的影响已开始产生,此时流速将不再减小,而是缓慢增大,因此这种影响区域会提前 2.56 mm 就开始作用影响流速。在进入第一环接触区域 33.33~35.5 mm 处,流速会增加,增加量为 0.680 7 m/s,因为此时有接触的存在,使得裂隙通道横向变窄,导致此处的流速增加。在 35.5~38.3 mm 处,此时为圆形垫片的下半区域,流动通道会较之前变宽,流速会有些许减小,减小量为 0.094 9 m/s。在进入第二环接触区域时,即 38.3~40.4 mm 处,流速将会再次增加,增加量为 0.112 9 m/s,增加量比前一次增加量小,随后流速会再一次减小。此后的渗流每次经过接触区域时,流速都会经历先增加后减小的过程,但是这种变化沿着裂隙半径方向将越来越小。渗流经过存在接触区域的这段,流速总体呈线性减小。

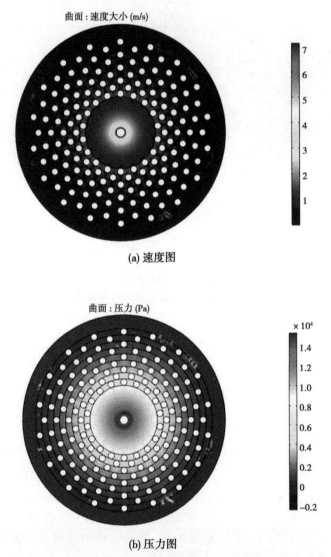

(a) 速度图

(b) 压力图

图 4-9　方案一数值模拟速度图与压力图

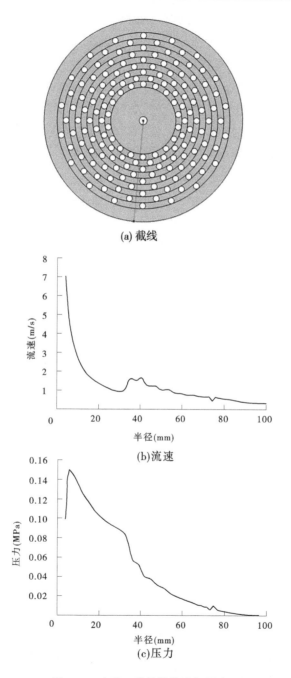

(a) 截线

(b)流速

(c)压力

图 4-10　方案一截线处流速与压力

压力沿半径方向上的变化如图 4-10(b)所示,在半径为 4~7.49 mm 的范围内,压力会先呈线性增大,增长量为 47.04%。随后在半径为 7.49~32.5 mm 的范围内,压力呈非线性减小,减小速率越来越低。在进入第一环接触区域 32.5~35.5 mm 处,压力会加速减小,减小量为 25.79%。因为此时有接触的存在,使得裂隙通道变得曲折迂回,导致此处的压力减小的速率变快。在 35.5~38.3 mm 处,此时为圆形垫片的下半区域,对流动通道的影响较小,压力减小的速率将降低,减小量为 12.64%。在进入第二环接触区域时,即 38.3~40.4 mm 处,压力减小的速率将会再次增大,减小量为 13.74%,第二环的减小量小于第一环的减小量,随后压力会再一次减小。此后渗流每次经过接触区域时,压力减小的速率都会经历先增大后减小的过程,但是这种变化沿着裂隙半径将越来越小。渗流经过存在接触区域的这段,压力总体呈非线性减小。这说明因接触区域的存在,使得渗流通道变得曲折迂回后,导致渗流压降减小得更快。

对方案二所示的接触裂隙进行了数值计算,结果如图 4-11 所示。从图 4-11(a)中可以看出,辐向流呈现明显的扩散现象,从入口处流速为 11.28 m/s 减小到出口处的 0.46 m/s。为了进一步研究流速在通道内的变化,对图 4-12(a)所示的截线通道处的速度数据进行调取。速度沿半径方向的变化如图 4-12(b)所示,在半径为 4~32.5 mm 的范围内,流速呈非线性减小,减小速率越来越低。在半径为 29.71~32.35 mm 处,虽未到接触区域,然而接触对渗流流速的影响开始产生,此时流量将不再减小,而是缓慢增大,因此这种影响区域会提前 3.62 mm 就开始作用影响流速,比方案一依次错开的接触形式的影响区域提前。在进入第一环接触区域 32.35~35.79 mm 处,流速会增加,增加量为 0.411 7 m/s,因为此时有接触的存在,使得裂隙通道横向变窄,导致此处的流速增加,然而方案二的流速增量小于方案一的流速增量。在 35.79~38.3 mm 处,此时为圆形垫片的下半区域,流动通道会较之前变宽,流速会些许减小,减小量为 0.176 1 m/s,比方案一的减小量要大。在进入第二环接触区域 38.3~40.4 mm 处,将不会出现方案一中流速增加的现象,而是继续非线性减小。此后的渗流每次经过接触区域时,流速都将呈非线性减小,接触率对流速的影响变得越来越小。与方案一中每次经过接触区域都将改变流速变化的情况相比,这说明接触形式的不同会对渗流产生影响。

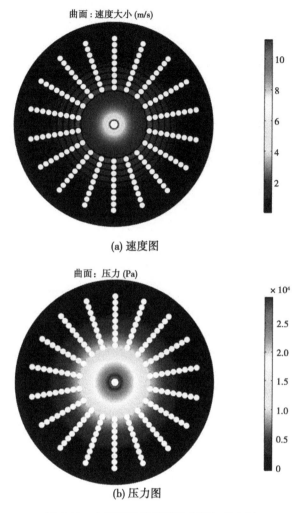

曲面: 速度大小 (m/s)

(a) 速度图

曲面: 压力 (Pa)

(b) 压力图

图 4-11　方案二数值模拟速度图与压力图

压力随半径方向上的变化如图 4-12 所示,在半径为 4~6.63 mm 的范围内,压力会先呈线性增大,增长量为 182.61%。随后在半径为 6.63~32.35 mm 的范围内,压力呈非线性减小,减小速率越来越低。在进入第一环接触区域 32.35~38.5 mm 处,压力的减小速率将变大,压力呈线性减小,减小量为 55.74%,因为接触面将阻碍渗流的通过,使得此处压力减小的速率变快。在进入第二环接触区域时,压力减小的趋势将变为进入接触区域前的非线性减小,此后接触区域段的压力将保持非线性减小,这说明此后的接触区域对渗流的影响甚微,因为此时的接触区域在裂隙半径上不改变渗流的方向。渗流经过接触区域的这段,压力总体呈非线性减小。

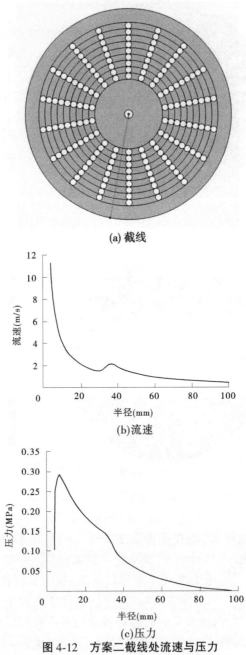

(a) 截线

(b)流速

(c)压力

图 4-12　方案二截线处流速与压力

　　方案三所模拟的环接触率对渗流影响的结果如图 4-13 所示。图 4-13(a) 和图 4-13(c) 分别表示环接触率为 0.375 的速度和压力分布图,图 4-13(b) 和图 4-13(d) 分别表示环接触率为 0.563 的速度和压力分布图。从两种接触率的裂隙流速分布图中可以看出,随着环接触率的增加,流动通道将更加明显,并且可以看出渗流会选择路径最短,最不曲折的渗流通道。从两种接触率的裂隙压力分布图中可以看出,随着环接触率的增加,压力降低得更多。

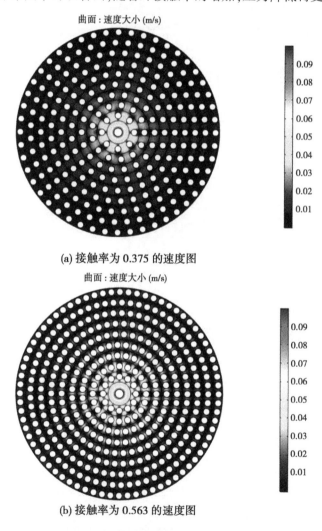

图 4-13　方案三数值模拟速度图与压力图

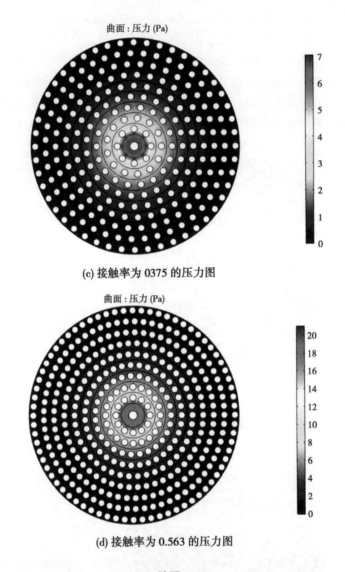

(c) 接触率为 0375 的压力图

(d) 接触率为 0.563 的压力图

续图 4-13

　　为了更清楚地了解渗流在裂隙通道中受接触率的影响规律,对图 4-14 (a)和图 4-14(b)所示截线处的数据进行对比分析,图 4-14(c)和图 4-14(e)分别显示了渗流在接触率为 0.375 的裂隙中速度和压力沿半径方向的变化,图 4-14(d)和图 4-14(f)分别显示了渗流在接触率为 0.563 的裂隙中速度和压力沿半径方向的变化。

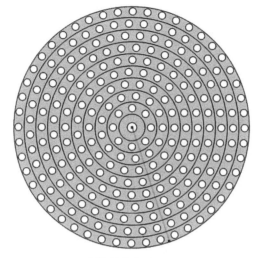

(a) 环接触率为 0.375 的截线

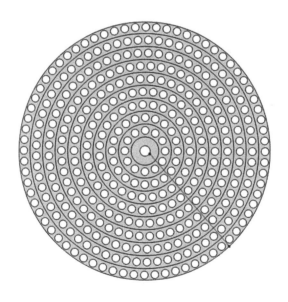

(b) 环接触率为 0.563 的截线

图 4-14　方案三截线处流速与压力

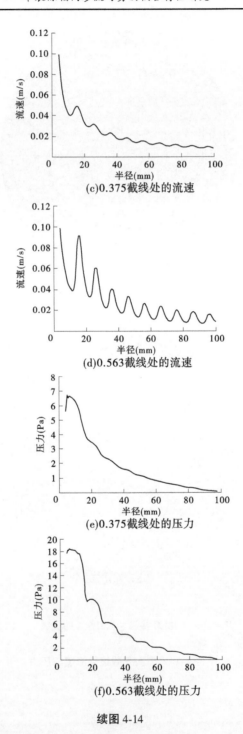

(c)0.375截线处的流速

(d)0.563截线处的流速

(e)0.375截线处的压力

(f)0.563截线处的压力

续图 4-14

从图 4-10(b)可以得知,随着环接触率的逐渐减小,速度的波动变化随环接触率的减小将逐渐消失,流速沿半径方向呈非线性减小。从图 4-14(c)所示环节接触率为 0.375 的裂隙渗流速度变化可以得知,渗流受接触区域的影响,流速都将产生先增大后减小的波动现象,流速的波动变化沿半径方向减小。从图 4-14(d)所示的环接触率为 0.563 的裂隙渗流流速变化可以得知,流速将产生更大的波动现象,这说明环接触率越高,对渗流的影响越大。

对上述三组数据图比较发现,由于辐向渗流的扩散现象,使用总接触率不足以准确描述接触在流动路径上对渗流的影响。而当采用环接触率时,能更好地反映出沿半径方向上接触率的改变对渗流的影响。当环接触率在半径方向上减小时,渗流流速大致呈现线性规律减小。而当环接触率在半径方向上不变时,渗流流速将会出现明显的波动现象,总体呈现非线性减小规律。

图 4-10(c)显示了环接触率逐渐减小时裂隙中压力的变化,压力的减小呈非线性趋势。图 4-14(d)显示了在接触率沿半径不变时,渗流在经过接触区域时压力会发生突降现象。从图 4-14(f)中可以看出,当环接触率增大时,压力突降幅度将更大,且在突降前会发生压力增大的现象。从上述三组数据图中可以看出,当环接触率增大时,接触对渗流压力的影响越明显。

4.3　考虑接触率的立方定律修正

对于计算平行板裂隙渗流的立方定律是通过 Navier-Stokes 公式推导简化得出来的,如下所示[7]:

$$Q = -\frac{we^3}{12\mu}\nabla p \tag{4-1}$$

式中:Q 为单宽流量;w 为与渗流流动方向垂直的裂隙宽度;e 为裂隙隙宽;μ 为动力黏度;∇p 为压力梯度。

立方定律还可以表示为以下形式:

$$Q = \frac{w\rho g e^3}{12\mu}J \tag{4-2}$$

式中:ρ 为流体密度;g 为重力加速度;J 为水力坡降。

周创兵和熊文林[55]通过数学方法推导出了接触率对渗流的影响公式:

$$Q/\Delta H = C(1-\omega)e^3 \tag{4-3}$$

式中:Q 为流量;ω 为裂隙面的接触率;ΔH 为水头;e 为裂隙隙宽。

Zimmerman 等提出的考虑裂隙接触面积对渗流影响的公式中认为接触面

积的修正系数为$(1-2\omega)$,公式如下所示[120]:

$$Q = \left[1 - 1.5\left(\frac{s}{e}\right)^2 \right] \cdot (1 - 2\omega) \cdot C \cdot e^3 \cdot \nabla p \tag{4-4}$$

式中:s 为裂隙隙宽均方差;∇p 为压降。

通过达西定律得到渗透率 k 的表达式[7]:

$$k = \frac{\mu r Q}{A \nabla p} \tag{4-5}$$

式中:μ 为动力黏滞系数;r 为辐向流裂隙的半径;Q 为实时流量;A 为裂隙横截面面积;∇p 为裂隙试件出入口的渗透压降。

如图 4-3 所示,随着水头压力的逐渐增加,流量也在增加。然而这种增长趋势并不是如立方定律显示的流量与水头之间呈线性关系,而是呈非线性增长,增长量逐渐降低。这是因为接触的存在而使流动变得非线性,导致裂隙渗透性的降低。

渗透率的变化如图 4-4 所示,当水头压力从 0.1 MPa 增加到 0.6 MPa 时,渗透率减小量为 65%。在同一接触率,水头的增加会导致渗透率的减小,且减小速率逐渐变小。这是因为此时渗流处于非线性流,已不再是立方定律推导时的层流状态。因此,裂隙的渗流在受接触区域的影响时,渗透率表现出随水压非线性减小。

立方定律是通过假设裂隙由两个光滑平行的裂隙面组合而成,没有考虑裂隙在渗流路径上的隙宽变化及接触情况。这种假设的理想裂隙在自然界中是不存在的,自然界中的裂隙面结构复杂,裂隙面之间存在接触和填充物使得渗流通道变得曲折。因此,立方定律在实际运用中会产生偏差,此后开始有学者不断对立方定律进行修正,使其能更加符合实际裂隙。张奇[121]通过渗流试验得出了面积接触率与渗流的经验关系公式:

$$\frac{Q}{Q_0} = \frac{1 - \omega}{1 + n\omega} \tag{4-6}$$

式中:Q_0 为裂隙面接触率为 0 时的渗流量;ω 为裂隙面的接触率;n 为修正系数。

经验公式(4-6)中的修正系数 n 在拟合不同水头压力和接触率的裂隙渗流时,修正系数 n 的取值差异性较大。图 4-15 给出了在较好的拟合试验数值时,随接触率和水头压力的改变,系数 n 的取值在 3~10 的范围内变化。这种情况在工程运用中会使得修正系数因不同工况而差异过大,使经验公式在运用中存在困难。因此,根据本试验的研究拟合出了渗流与接触率的经验公式,此经验公式不仅在同一种接触形式下的修正系数唯一,而且表征了渗流与水头压力的关系。

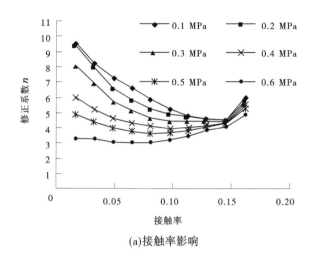

(a)接触率影响

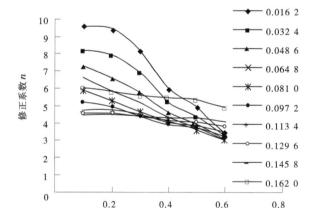

(b)水头压力影响

图 4-15　修正系数 n 的变化

在图 4-3(c)中显示了 Q/Q_0 与接触率的曲线关系。Q/Q_0 随接触率的增大而减小,且曲线的凹凸性随水头压力的增大而减小。因此,根据这种变化关系可以假定 Q/Q_0 与接触率是类指数关系:

$$Q/Q_0 =(\nabla p \cdot m)^{\bar{\omega}} \qquad (4\text{-}7)$$

式中: ∇p 为裂隙试件出入口的渗透压降; m 为修正系数,本试验取 0.045。

式(4-7)对方案一的试验数据拟合情况在图 4-16 给出,图 4-16(a) ～

图 4-16(f) 依次给出渗透水压从 0.1~0.6 MPa 的六组公式计算值与实测值拟合情况。

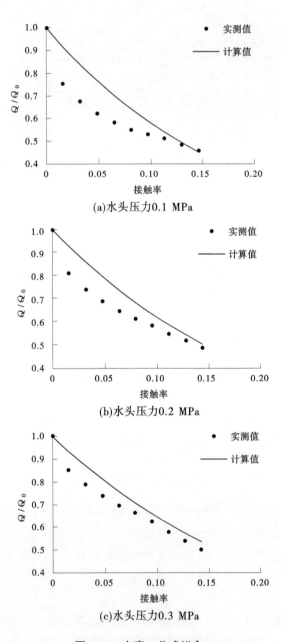

(a)水头压力0.1 MPa

(b)水头压力0.2 MPa

(c)水头压力0.3 MPa

图 4-16　方案一公式拟合

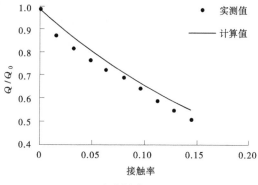

(d)水头压力0.4 MPa

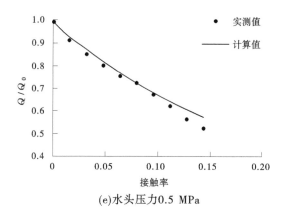

(e)水头压力0.5 MPa

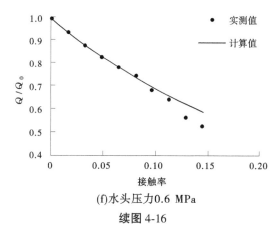

(f)水头压力0.6 MPa

续图 4-16

从图 4-16 中的拟合情况可以看出,式(4-7)能很好地拟合出渗流量随接触率增大而减小的规律。从图 4-16(a)和图 4-16(b)中可以看出,经验公式在对低水头压力作用时的拟合存在高估的现象,但随着接触率的增加,公式的计算值与实测值之间越来越接近。从图 4-16(c)~(f)可以看出,随着裂隙水压的逐渐增加,公式对实测值的拟合程度则越来越高。因此,式(4-7)能很好地表征裂隙接触率对渗流的影响。

考虑到辐向流的扩散特性,本章将采用 Neuzil 和 Tracy[122]提出的裂隙流模型进行研究,并对其模型推导出的公式进行改进,得到适用于辐向流的立方定律。Maini[123]通过试验,表明水流在裂隙中流动倾向于在裂隙狭窄部分周围偏转,这会减小流动方向上孔径变化对水流的影响。Iwai[124]认为水流在孔径变化不大的裂隙中流动时,可以很好地用平行板流动近似。

将如图 4-17(a)的辐向流试件 n 等分(n 趋于无穷大),使得每一扇形的圆心角 θ 都无限小。再将扇形元件进行 n 等分,其圆心角为 θ_i[见图 4-17(b)]。由于进行了无限细分,因此扇形的圆弧可以近似成直线段。如图 4-17(b)的扇形模型可以简化成如图 4-17(c)所示的平行板模型。将图 4-17(c)中的裂隙模型分成 n 个区段,每个区段的宽度为 l,裂隙孔径的总宽度为 L。图 4-17(c)的模型考虑了垂直于水流方向上孔径的变化情况,在沿着水流方向上使用光滑平行板定理。

计算模型如图 4-18 所示,辐向渗流流入孔径为 r_0,流出边界半径为 r_1,取微小单元角度 $d\theta$,则对应弧长为 dw_0,由弧长公式可得:

$$dw_0 = r_1 d\theta \tag{4-8}$$

因弧长足够小,微小单元角度 $d\theta$ 的扇形区域可近似为矩形,其流量 dQ_i 可应用平行板的立方定律即式(4-2)计算:

$$dQ_i = r_1 d\theta \cdot \frac{\rho g e^3}{12\mu} J \tag{4-9}$$

对式(4-8)进行积分即可得到整个辐向渗流区域的流量公式:

$$Q = \int_0^{2\pi} dQ_i = \int_0^{2\pi} r_1 \cdot \frac{\rho g e^3}{12\mu} J d\theta = \frac{\pi r_1 \rho g e^3}{6\mu} J \tag{4-10}$$

考虑到辐向渗流裂隙模型的光滑平行的特性,而自然裂隙面则存在接触。当考虑裂隙面的接触率时,将式(4-7)带入式(4-10)中可以得到考虑接触率的辐向渗流立方定律:

$$Q = (\nabla p \cdot n)^\omega \frac{\pi r_1 \rho g e^3}{6\mu} J \tag{4-11}$$

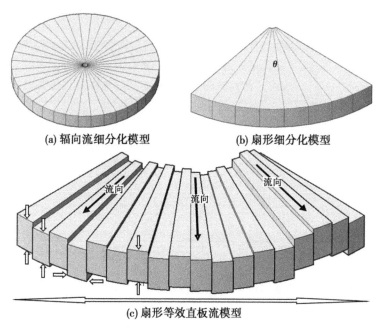

(a) 辐向流细分化模型　　　　(b) 扇形细分化模型

(c) 扇形等效直板流模型

图 4-17　辐向流模型

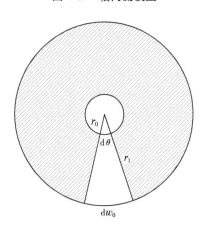

图 4-18　辐向渗流立方定律计算模型示意图

式中:n 为修正系数,本试验取 0.045。

修正后立方定律的预测流量与平行板裂隙渗流试验数据[125]的对比结果如图 4-19 所示。式(4-1)所示的立方定律与试验数据相差甚多,明显存在高估渗流的现象。通过数学模型进行改进的辐向渗流渗流式(4-10)能减小这种高估产生的误差,经过添加接触率修正系数的式(4-11)将进一步减小高估产生的误差,能较好的贴近试验数据。

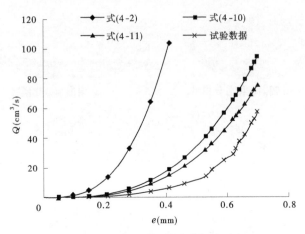

图 4-19 公式预测值与试验数据对比

4.4 本章小结

本章主要研究了接触率对渗流的影响以及对渗流公式进行了修正,主要结论如下:

(1)通过接触率试验研究发现渗流量随接触率的增加而减小,且此时的渗流随水压的增加呈非线性增加,而非立方定律中的线性关系。

(2)通过试验研究发现,在拥有相同接触率的裂隙中,渗流通道曲折迂回的裂隙的渗透性更低。

(3)运用 COMSOL Multiphysics 软件模拟了三种接触形式的裂隙模型,分析渗流沿半径方向上的变化规律,结果表明渗流通道更曲折和环接触率更大的裂隙中渗流特性的变化更明显。

(4)通过试验数据拟合得出了接触率的经验修正公式,其中包含了水头压力的影响。通过模型推导得出了辐向渗流立方定律,并结合试验拟合出的接触率经验公式,得到了考虑接触率影响的辐向渗流立方定律。

第 5 章　裂隙面破坏后的水力学特性研究

　　裂隙对天然岩石的渗透性起绝对性作用。岩石裂隙在压剪及渗流的作用下,很容易发生剪切变形以致引起剪切破坏。破坏后的裂隙填充物为多孔介质,这些介质在裂隙中受着复杂的水力学效应,并继续随着压剪作用而移动、破坏,显著影响了裂隙的水力学特性。以往大量研究主要集中在裂隙中流体的运动,但很少考虑填充物的影响。本章将利用 TJXW-600 型微机控制岩石裂隙直剪渗流耦合试验机进行试验,分析裂隙面破坏后填充物对裂隙的水力学特性的影响。

5.1　试验方案

　　因试件节理裂隙面的区别及存在多种摆放方向,所以试件在剪切盒中的摆放方式可以有多种组合。考虑裂隙两个接触面的表面形貌和不同接触状态对裂隙渗透性的影响非常大,本章选取第 2 章粗糙试件和光滑试件作为试验试件。如图 5-1 所示挑选了 4 种较为特殊的组合方式。

　　(1)组合Ⅰ,上下试件均为光滑试件。

　　(2)组合Ⅱ,上试件为光滑试件,下试件为粗糙试件,下试件的齿棱垂直剪切方向。

　　(3)组合Ⅲ,上下试件均为粗糙试件,试件的凸齿完全咬合,并且齿棱与剪切方向垂直。

　　(4)组合Ⅳ,将组合Ⅲ的上、下试样逆时针旋转 90°,使两结构面的齿棱平行于剪切方向,并且上下咬合。箭头为剪切方向。

　　本次直剪试验的边界条件为常法向荷载边界条件(CNL),主要适用于岩石边坡稳定分析[126-127]。Barton 指出,发生与岩体有关的工程问题时的有效正应力通常为 0.1~2.0 MPa[128]。因此,直剪试验是在 2 MPa 左右的法向应力下进行的。

(a) 组合 I

(b) 组合 II

(c) 组合 III

图 5-1　试件组合类型

(d) 组合Ⅳ

续图 5-1

本次试验设计了 8 种工况,如表 5-1 所示。

表 5-1   试验工况

工况	法向压力(MPa)	剪切速度(mm/s)	渗透压(MPa)	试件组合类型
1	1.27	0.25		Ⅲ
2	1.91	0.25		Ⅲ
3	2.23	0.25		Ⅲ
4	1.91	0.33		Ⅲ
5	1.91	0.42	0.6	Ⅲ
6	1.91	0.25		Ⅰ
7	1.91	0.25		Ⅱ
8	1.91	0.25		Ⅳ

8 种工况可分为三组:①工况组合 A 包含工况 1、2、3,即法向压力递增,其他变量不变;②工况组合 B 包含工况 2、4、5,即剪切速度递增,其他变量不变;③工况组合 C 包含工况 2、6、7、8,即裂隙面组合方式改变,其他变量不变。

5.2   辐向渗流与剪切试验结果及分析

5.2.1   强度及变形特性

图 5-2(a)展示的是法向压力递增的工况组合 A,可以看出法向应力越大,所需剪切应力越大。此工况组合中的剪切应力均先快速增大,到达峰值强

度后又快速减小,并出现了峰后黏滑现象,最后达到稳定状态。出现峰后黏滑是与进行剪切试验工况的明显区别,产生这种现象的原因是达到抗剪强度峰值后,突然受荷的水来不及排出,在裂隙中形成了很高的孔隙压力,这种孔隙压力抵消了裂隙间的法向压应力,从而降低了岩石的抗剪强度。

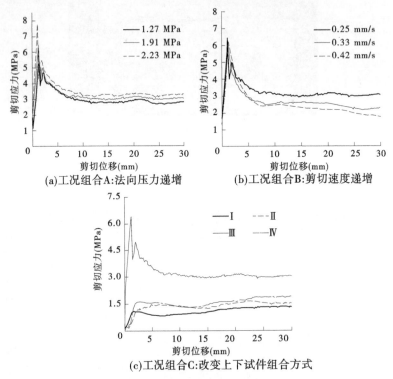

图 5-2　剪切力随剪切位移的变化

在进行单轴抗压试验时,加荷速度越大,其抗压强度越大。对于完整的岩石,在荷载长期作用下的抗破坏能力要小于短时间加载下的抗破坏能力。因此,加载速度对岩体的抗破坏能力有明显的影响。图 5-2(b) 所示为剪切速率增加的工况组合 B,随着剪切速率的增加,裂隙面的峰值抗剪强度 τ_p 降低,分别为 6.43 MPa、6.27 MPa、6.24 MPa;残余抗剪强度 τ_r 降低,分别为 3.10 MPa、2.59 MPa、2.43 MPa;峰值强度 τ_p 与残余强度 τ_r 之差(即 $\tau_p - \tau_r$)分别为 3.33 MPa、3.68 MPa、3.81 MPa,呈增大趋势。李海波等[129]对规则齿的混凝土结构面进行了直剪试验,发现随着剪切速率的增大,峰值强度 τ_p 与残余强度 τ_r 之差减小。本书产生不同结果的原因是,抗剪强度达到峰值后,在裂隙间破坏充填物和水流扰动的作用下,剪切速度的增大使上下试件更易滑动,摩擦力减小,致使残余抗剪强度的降幅变大。此外,由于裂隙的快速移动,致使裂隙间的水压力也快速释放,无法抵消压应力,抗剪强度也就不能降低,因此峰后黏滑现象仅出现在剪切速率较低的情况下。

图 5-2(c)为工况组合 C 剪切应力随剪切位移变化关系图。4 种裂隙面组合中,只有组合Ⅲ粗糙的啮合裂隙面出现了明显的抗剪强度峰值及峰后软化阶段,其他 3 组裂隙面到达峰值强度后,持续保持抗剪强度最大值,直至剪切结束。因此,仅有裂隙面啃断的工况才会有明显的峰值强度。裂隙面组合Ⅲ与Ⅳ同为粗糙结构面,结构面粗糙度系数 *JRC*、接触方式均一样,但剪切方向不一样,展现出了迥异的力学响应,可见剪切方向对裂隙面峰值强度的影响较大。3 组剪切应力比较稳定的组合,组合Ⅳ的接触面积大于组合Ⅰ大于组合Ⅱ,但组合Ⅳ的抗剪强度大于组合Ⅱ大于组合Ⅰ,组合Ⅰ和组合Ⅳ为面接触,而组合Ⅱ为含有空腔的接触,因此接触方式对抗剪强度亦有很大的影响。

图 5-3、图 5-5 和图 5-6 分组展示了各工况剪切破坏后裂隙面的破坏状态。裂隙面均受到了不同程度的破坏,裂隙间通水后充填物变成了泥状碎屑物,而此时形成的泥化夹层的强度更低,容易产生层间错动,在自然界与工程建设中,是导致岩体失稳破坏的常见因素。

图 5-3 为法向压力递增的工况组合 A 在剪切破坏后的裂隙面状态图。剪切破坏后,大量破损的类砂岩充填物填满了裂隙。由于水体流动和剪切位移的作用,这些充填物在裂隙中保持持续移动状态。通过比较图 5-3(a)、(b)、(c)可以清楚地看到,随着法向应力的增加,裂隙间充填物的颗粒尺寸减小,因此法向压力的增加加剧了粗糙裂隙面的破损程度,表明结构面破坏之后的裂隙表面形貌与法向应力相关。并且法向应力增大导致剪切力增大,对凸齿的磨损作用也将增大,因此剪切过程可以增强裂隙充填物的塑性和液化作用。剪切破坏后,虽然所有的凸齿都被磨碎了,但凸齿根部未被磨平,形成了更加粗糙的裂隙面,这些裂隙的凹槽成为水流的主要通道,如图 5-4 所示。

图 5-5 为剪切速度递增的工况组合 B 在剪切破坏后的裂隙面状态图。剪切破坏完成后,所有凸齿均被啃断、粉碎,大量破损的类砂岩充填物填满了裂隙,比较图 5-5(a)、(b)、(c),充填物的大小和分布没有明显的规律性,因此裂隙面破坏状态与剪切速度没有明显相关性。

图 5-6 为不同裂隙面组合的工况组合 C 在剪切破坏后的裂隙面状态图,4种组合的裂隙面均有不同程度的破坏。图 5-6(a)为上、下均为光滑的裂隙面在剪切破坏后的结果。剪切试验后,裂隙面无明显损伤迹象,上、下表面保持光滑,但裂隙因错动产生擦痕。显然,裂隙是紧密接触的,水流是以沟槽流的

(a) 工况 1

(b) 工况 2

(c) 工况 3

图 5-3　剪切破坏后法向压力递增的工况组合 A 的裂隙面破坏状态

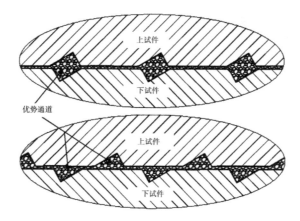

图 5-4　剪切破坏后形成的水流优势通道

(a) 工况 2

(b) 工况 4

图 5-5　剪切破坏后组合 B 的裂隙面破坏状态

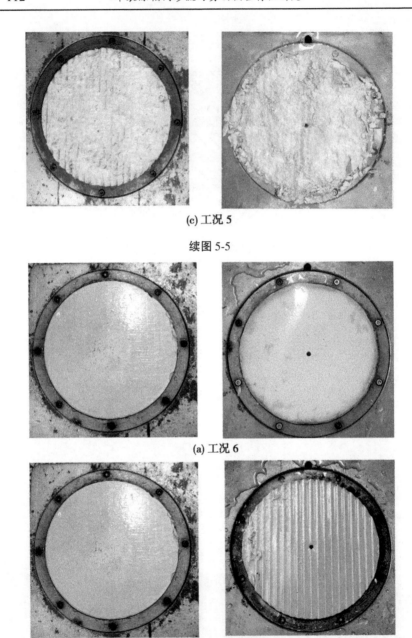

(c) 工况 5

续图 5-5

(a) 工况 6

(b) 工况 7

图 5-6 剪切破坏后组合 C 的裂隙面破坏状态

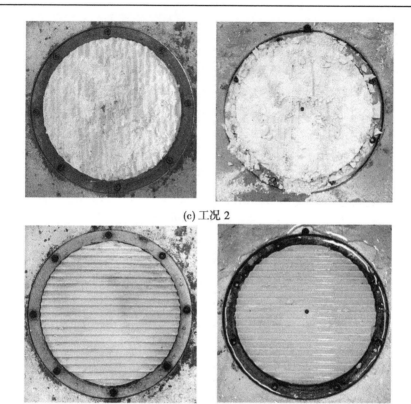

(c) 工况 2

(d) 工况 8

图 5-6　剪切破坏后组合 C 的裂隙面破坏状态

形式在裂隙中流通的。图 5-6(b) 为上试件为光滑结构面、下试件为粗糙结构面在剪切破坏后的结果。加载法向压力后，上试件的光滑结构面与下试件的凸齿接触而产生压纹。加载剪切应力后，由于剪切位移，上试件的裂隙面被下试件的凸齿摩擦出许多条位移线，下试件的凸齿局部被压剪破坏。图 5-6(c) 和图 5-6(d) 的试验工况为上、下均为粗糙裂隙结构面，试件在剪切盒中的放置方式决定了裂隙面最终的破坏状态。工况 2[图 5-6(c)]结构面破损严重，但工况 8[图 5-6(d)]几乎没有损坏。因此，裂隙面起伏角、结构面粗糙度系数、抗剪强度[130]等参数与试件的剪切方向和裂隙面匹配程度有关。本试验是模拟的砂岩结构面，对于有层理的层积岩，因受力方向不同而产生的剪切差异更明显。

5.2.2　隙宽的变化

剪切过程中的裂隙宽度 b 的分布可以用式(5-1)表示[37]：

$$b = b_0 - b_n + \Delta b_n \tag{5-1}$$

式中：b 为真实的裂隙宽度；b_0 为初始机械隙宽；b_n 为由法向应力引起的隙宽变化；Δb_n 为由剪切变形引起的隙宽变化。

因裂隙面粗糙不平，隙宽分布不均，采用等效隙宽 b' 代替真实隙宽 b。本次试验采用常法向位移边界条件，法向压力引起的隙宽变化 b_n 等于 0。因此，等效隙宽 b' 由下式得到：

$$b' = b'_0 + \Delta b_n \tag{5-2}$$

剪切-辐向渗流耦合试验开始之前，裂隙中充满了水，为饱和渗流，此时，辐向渗流下的初始机械隙宽 b_0 与流量 Q 的关系可用下式表达[37,118]：

$$Q = \Delta H C b^3 \tag{5-3}$$

式中：Q 为稳态水流流量；ΔH 为水头差；C 为常数，对于辐向渗流，$C = \dfrac{2\pi}{\ln(r_1/r_2)}\dfrac{g}{12\mu}$，$r_1$、$r_0$ 分别为裂隙面外径和内径；g 为重力加速度；μ 为动力黏滞系数。

若用水力等效隙宽 b'_0 代替式(5-3)中真实隙宽 b_0，式(5-3)可以改写为

$$b'_0 = \left(\frac{12\mu Q}{\Delta H C' g}\right)^{\frac{1}{3}} \tag{5-4}$$

式中 $C' = \dfrac{2\pi}{\ln(r_1/r_2)}$。

剪切变形引起的隙宽变化 Δb_n 和流量 Q 由剪切-辐向渗流耦合试验得到。将式(5-4)代入式(5-2)中即可得剪切过程中等效隙宽 b' 的变化关系。最后，将式(5-2)计算后的数据点分组统计在图 5-7 中。

在图 5-7 中，当试验开始时，只有法向压应力和水压力，裂隙宽度相对较小。剪应力加载后，裂隙发生位移，凸齿逐渐被破坏。随着剪切位移的增加，裂隙面逐渐破坏，裂隙宽度逐渐增大。根据各组数据可以得出以下结论：

图 5-7(a)为工况组合 A 的隙宽变化。剪切应力加载后，凸齿很快被剪断，填充在裂隙间，因此隙宽快速变大，但随着剪切过程的进行，裂隙间的充填物逐渐被法向应力压实，因此隙宽增长变缓，逐渐趋于一个稳定值。法向应力越大，上、下裂隙的压实程度越高，裂隙间的空腔越小，因此隙宽随法向压力的增大而变小。

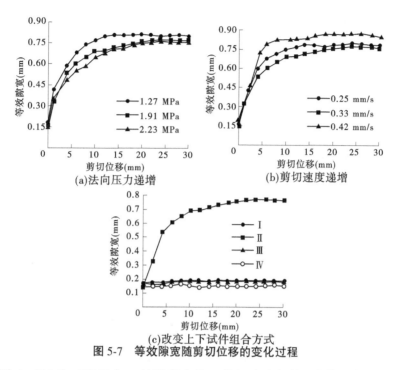

(a)法向压力递增　　　(b)剪切速度递增

(c)改变上下试件组合方式

图 5-7　等效隙宽随剪切位移的变化过程

图 5-7(b)为工况组合 B 的隙宽变化。剪切速度加快,致使法向压力来不及压实裂隙间的充填物,并且裂隙间充盈的水流使充填物更难压实,因此隙宽随剪切速度的增加而增加。

图 5-7(c)为工况组合 C 的隙宽变化。仅有组合Ⅲ的裂隙面随剪切位移的变化而持续增长,其余三组的隙宽在剪切过程中保持相对稳定。从图 5-6 可知,组合Ⅲ凸齿被剪断而产生了大量的充填物,因此充填物对粗糙结构面的隙宽起决定性影响。组合Ⅲ的初始隙宽为 0.141 mm,组合Ⅳ的初始隙宽为 0.149 mm,数值接近。因为组合Ⅲ和组合Ⅳ为上、下粗糙裂隙面,虽然啮合放置,但裂隙间仍然存有空腔,当空腔被法向应力压实后隙宽减小,因此组合Ⅲ和组合Ⅳ的初始隙宽小于组合Ⅰ和组合Ⅱ。

5.2.3　裂隙面破坏后的渗流模型

渗透系数分组给出了各工况组合剪切位移增加时的流量变化。图中可以看出粗糙裂隙的流量随剪切位移的增长而增长。前文分析可知,剪切位移开始后,粗糙裂隙的凸齿被剪断,填充在了裂隙间,导致隙宽变大,这些充填物为渗流提供了优势通道,渗流也随之增长。而裂隙面未发生明显破坏的工况,如工况 7、8、9,隙宽没有变化,所以流量保持相对稳定。因此,充填物影响了粗糙裂隙的渗流特性。此外法向压力越大,裂隙空腔压实越紧密,隙宽越小。图 5-8(a)中,流量随法向压力的增大而减小,因此可以建立考虑充填物粒径与法向压力影响的工况组合 A 的渗流模型。

剪切破坏后裂隙间的充填物为多孔介质,其渗透系数 K 可以表示为

$$K = \frac{k\rho g}{\mu} \tag{5-5}$$

式中:k 为孔隙介质的渗透率;ρ 为液体密度。

Liu 等对含有不同级配的充填裂隙进行了渗流试验,得出如下关系[59]:

$$k = m\frac{b}{D_m} + n \tag{5-6}$$

式中:D_m 为粒径;m、n 为裂隙和岩石几何参数的相关系数。

式(5-6)表明孔隙介质的渗透率 K 随隙宽 b 成正比,随充填物粒径 D_m 成反比,与本章观测到的试验规律相符。

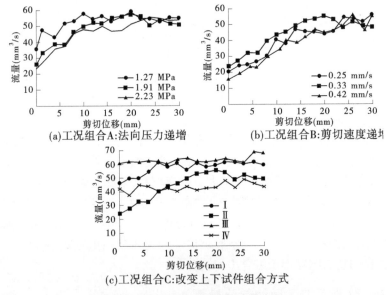

(a)工况组合A:法向压力递增　　　(b)工况组合B:剪切速度递增

(c)工况组合C:改变上下试件组合方式

图 5-8　剪切位移增加时的流量变化

由图 5-9 可知,不同法向压力下粗糙裂隙的等效隙宽 b' 和剪切位移 δ 之间存在很好的自然对数关系,其表达式如下:

$$b' = \alpha_1 \ln(\delta) + \alpha_2 \tag{5-7}$$

式中:α_1、α_2 为拟合系数;δ 为剪切位移,大于 0。

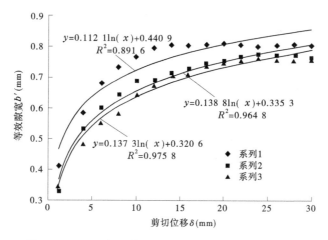

图5-9　工况组合 A 等效隙宽 b' 随剪切位移的变化关系

将式(5-6)和式(5-7)代入式(5-5)可得到：

$$K = \frac{\left[m \dfrac{\alpha_1 \ln(\delta) + \alpha_2}{D_m} + n \right] \rho g}{\mu} \tag{5-8}$$

因等效隙宽 b' 受法向压力的影响，可进一步拟合系数 α_1 和 α_2。表 5-2 和图 5-10 表明 α_1 和 α_2 与法向应力 σ_n 呈线性关系，如下所示：

$$\alpha_1 = a_1 \sigma_n + a_2$$
$$\alpha_2 = c_1 \sigma_n + c_2 \tag{5-9}$$

式中：a_1、a_2、c_1、c_2 为拟合系数，本节分别为 0.251、0.100 1、－0.152 2 和 0.603 6。

表 5-2　不同法向压力下的 α_1、α_2

法向压力 σ_n(MPa)	α_1	α_2	R^2
1.27	0.131 3	0.413 7	0.845 6
1.91	0.150 1	0.302 5	0.927 5
2.23	0.154 7	0.271	0.971 3

将式(5-9)代入式(5-8)中，可以得到考虑充填物粒径与法向压力影响的渗透系数的表达式：

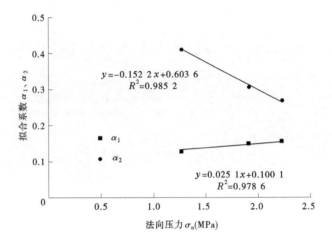

图 5-10　法向压力 σ_n 下 α_1、α_2 的变化

$$K = \dfrac{\left[m \dfrac{(a_1\sigma_n + a_2)\ln(\delta) + (c_1\sigma_n + c_2)}{D_m} + n \right]\rho g}{\mu} \qquad (5\text{-}10)$$

当采用式(5-10)应用于其他研究时,可参考式(5-9)和试验条件来确定待定系数 a_1、a_2、c_1 和 c_2 的值。由于样品加工和测试设备的局限性,本次研究仅进行了三次法向压力测试。尽管此次试验的数据有一定的局限性,但式(5-10)可为研究岩石裂隙的渗透性提供参考。

5.3　本章小结

本章探讨了单一粗糙裂隙岩体的水力耦合问题。对 8 组类砂岩裂隙进行了辐向渗流与剪切耦合试验,研究其剪切过程中裂隙结构面的力学性能和渗透性随法向压力、剪切速度和不同裂隙面组合的变化。本章主要结论有:

(1)粗糙裂隙的剪切应力到达峰值强度后出现峰后黏滑现象。剪切速度增加,峰值强度 τ_p 与残余强度 τ_r 之差减小。剪切方向和接触方式对抗剪强度有很大的影响。

(2)剪切作用下粗糙裂隙面的凸齿被啃断,充填物粒径随着法向压力的增加而减小。充填物填满了残余凸齿的凹槽,成为渗流的主要通道。

(3)粗糙裂隙隙宽因结构面破坏而随剪切位移的增大而增大,但随法向压力的增加而减小。结构面未明显破坏的裂隙隙宽在剪切过程中基本不变。

（4）根据试验结果与分析，提出了一种描述不同充填物粒径和法向压力下裂隙渗透系数的表达式。

第 6 章 结论与展望

6.1 主要结论

本书对人造类岩进行辐向渗流直剪试验,分组进行了不同法向应力、不同剪切速度及不同水压作用下的渗流剪切试验。通过试验分析在辐向渗流与剪切耦合作用下,粗糙结构面破坏后的水力学特性。通过接触率渗流试验研究了接触率和接触形式对裂隙渗流特性的影响,并通过 COMSOL Multiphysics 软件建立的三维模型分析了渗流在裂隙通道中的特征变化。通过 COMSOL Multiphysics 软件建立三维模型,模拟初始剪切状态下和峰值剪切状态下的水流分布情况。分析剪切过程中不同法向应力和水压作用下单裂隙规则齿结构面强度、变形及渗流变化规律。主要结论如下:

以相似三定理为基础制定相似准则,对相似类砂岩材料进行研究,认为石膏可以作为砂岩的相似材料。经测定,本书调配出的类砂岩材料其物理力学参数满足砂岩的相似要求。通过测试试验,验证了由类砂岩材料制作的砂岩裂隙试件符合辐向渗流与剪切耦合试验要求。

推导得到的粗糙裂隙辐向渗流立方定律,相比于经典辐向渗流立方定律则更加接近试验结果,但由于没有考虑粗糙度、接触面积、曲折效应、水流非线性及碎屑填充物的影响,幅向渗流立方定律在预测剪切过程中的水流变化规律时仍存在较大误差。此外,从模拟结果可以看出,结构面破坏之前水流的流动状态并不是完全的轴对称状态,并且粗糙度和曲折效应都呈现出明显的各向异性。在此基础上本书分析了水力隙宽和机械隙宽之间的关系,对立方定律进行了修正。

Forchheimer 公式和 Izbash 定律都能从宏观角度分析剪切过程中流体的非线性变化过程,并且两种分析结果都显示剪切过程中随着结构面的破坏、隙宽分布形式的变化,临界雷诺数增大,水流的非线性现象减弱。

在对裂隙接触影响渗流特性的研究中,发现水头与流量呈非线性关系。在对相同接触率不同接触形式的裂隙进行渗流试验得出,流动通道更加曲折的裂隙接触形式对渗流的影响更大。通过对接触试件进行数值模拟分析,发现流速在渗流方向上呈现波动减小的现象。随后通过数学方法推导出了光滑裂隙的辐向渗流立方定律,并引入了接触率渗流试验中建立的接触率经验公式,使得推导出的辐向渗流立方定律更能接近工程实际。

在辐向渗流与剪切的耦合作用下,粗糙裂隙的剪切应力到达峰值强度后出现峰后黏滑现象。剪切速度增加,峰值强度与残余强度差减小。剪切方向和接触方式对抗剪强度有很大的影响。剪切作用下粗糙裂隙面的凸齿被啃断,充填物粒径随着法向压力的增加而减小。充填物填满了残余凸齿的凹槽,成为渗流的主要通道。粗糙裂隙隙宽因结构面破坏而随剪切位移的增大而增大,但随法向压力的增加而减小。结构面未明显破坏的裂隙隙宽在剪切过程中基本不变。根据试验结果与分析,提出了一种描述不同隙宽和法向压力下裂隙渗透系数的表达式。

6.2　研究展望

目前,已有诸多学者专注于单裂隙渗流与剪切耦合研究,本书作者也取得了渗流与剪切耦合试验的一些成果,但是仍有许多问题待于解决,现有理论也待于优化。

本书在进行辐向渗流与剪切耦合试验过程中需要保证剪切盒的密封性,不能观察到结构面在剪切过程中的具体破坏情况,得不到不同剪切位移处的结构面形貌参数,因此不能进一步精确地分析剪切过程中剪胀角的变化规律,现有试验仪器普遍缺乏这方面的能力。此外,本书得到的成果都是基于试验数据的经验结果,因此还需要开展进一步的深入研究。

本书的部分成果是基于规则齿结构面,而天然状态下裂隙结构面形貌十分复杂,若将本书成果应用到天然裂隙中仍需要进一步改进。

目前所进行的渗流与剪切试验都是低水头试验,无法有效反映水压对裂隙强度和变形的影响,而实际工程中作用于裂隙的水头往往很大,因此需要对试验设备做进一步研发。

对于裂隙岩体离散介质网络模型而言,单裂隙渗流模型的建立是其理论基础。目前离散介质网络模型应用最广的理论基础就是辐向渗流立方定律,然而现有成果已显示用立方定律来描述天然裂隙水流运动规律时有较大的误差,这将使得离散介质网络模型的计算精度大大降低。因此,如何将受多种因素影响的单裂隙渗流模型应用到离散介质网络模型中,成为目前研究的热点和难点。此外,如何能精确地描述深埋裂隙的表面形貌特征也值得讨论。

参考文献

［1］Barton N. The Shear Strength of Rock and Rock Joints［J］. International Journal of Rock Mechanics & Mining Sciences & Geomechanics Abstracts, 1976, 13(9): 255-279.

［2］侯迪. 岩石节理抗剪强度与渗透特性试验研究［D］. 武汉：武汉大学, 2016.

［3］陈平, 张有天. 裂隙岩体渗流与应力耦合分析［J］. 岩石力学与工程学报, 1994, 13(4): 299-299.

［4］仵彦卿, 张倬元. 岩体水力学导论［M］. 成都：西南交通大学出版社, 1995.

［5］朱珍德, 郭海庆. 裂隙岩体水力学基础［M］. 北京：科学出版社, 2007.

［6］Grasselli G. Manuel Rocha Medal Recipient Shear Strength of Rock Joints Based on Quantified Surface Description［J］. Rock Mechanics and Rock Engineering, 2006, 39(4): 295-314.

［7］Zhou J, Hu S, Fang S, et al. Nonlinear Flow Behavior at Low Reynolds Numbers Through Rough-walled Fractures Subjected to Normal Compressive Loading［J］. Elsevier Ltd, 2015, 80(2015): 202-218.

［8］Barker JA. A Generalized radial flow Model for hydraulic tests in fractured rock［J］. Water Reources Research, 1988, 24(10): 1796-1804.

［9］Xu P, Yu B, Qiao X, et al. Radial Permeability of Fractured Porous Media By Monte Carlo Simulations［J］. International Journal of Heat & Mass Transfer, 2013, 57(1): 369-374.

［10］董金玉, 杨继红, 杨国香, 等. 基于正交设计的模型试验相似材料的配比试验研究［J］. 煤炭学报, 2012, 37(1): 46-51.

［11］任松, 姜德义, 刘新荣. 盐腔形成过程对覆岩影响的相似材料模拟实验研究［J］. 岩土工程学报, 2008, 30(8): 77-82.

［12］邱贤德, 姜永东, 阎宗岭, 等. 岩盐的蠕变损伤破坏分析［J］. 重庆大学学报：自然科学版, 2003, 26(5): 106-109.

［13］杜青, 毕佳, 谭跃虎, 等. 石膏相似材料的模型试验［J］. 施工技术, 2005, 34(11): 71-72.

[14] Xiong X, Li B, Jiang Y. Experimental and Numerical Study of the Geometrical and Hydraulic Characteristics of A Single Rock Fracture During Shear [J]. International Journal of Rock Mechanics and Mining Sciences, 2011, 48(8): 1292-1302.

[15] Li B, Jiang Y, Koyama T, et al. Experimental Study of the Hydro-mechanical Behavior of Rock Joints Using a Parallel-plate Model Containing Contact Areas and Artificial Fractures[J]. International Journal of Rock Mechanics and Mining Sciences, 2008, 45(3): 362-375.

[16] 熊祥斌,李博,蒋宇静,等. 剪切条件下单裂隙渗流机制试验及三维数值分析研究[J]. 岩石力学与工程学报, 2010, 29(11): 75-83.

[17] Jiang Y, Xiao J, Tanabashi Y, et al. Development of an Automated Servo-controlled Direct Shear Apparatus Applying a Constant Normal Stiffness Condition[J]. International Journal of Rock Mechanics and Mining Sciences, 2004, 41(2): 275-286.

[18] 曾纪全,杨宗才. 岩体抗剪强度参数的结构面倾角效应[J]. 岩石力学与工程学报, 2004, 23(20): 3425-3438.

[19] 肖维民,夏才初,邓荣贵. 岩石节理应力-渗流耦合试验系统研究进展[J]. 岩石力学与工程学报, 2014, 33(S2): 76-85.

[20] Esaki T, Du S, Mitani Y, et al. Development of a Shear-flow Test Apparatus and Determination of Coupled Properties for a Single Rock Joint[J]. International Journal of Rock Mechanics and Mining Sciences, 1999, 36(5): 641-650.

[21] Lee H, Cho T. Hydraulic Characteristics of Rough Fractures in Linear Flow Under Normal and Shear Load[J]. Rock Mechanics and Rock Engineering, 2002, 35(4): 299-318.

[22] Collettini C, Stefano GD, Carpenter B, et al. A Novel and Versatile Apparatus for Brittle Rock Deformation[J]. Elsevier Ltd, 2014, 66(2014): 114-123.

[23] Yin G, Jiang C, Wang JG, et al. Combined Effect of Stress, Pore Pressure and Temperature on Methane Permeability in Anthracite Coal: an Experimental Study[J]. Transport in Porous Media, 2013, 100(1): 1-16.

[24] Niemi A, Vaittinen T, Vuopio J, et al. Simulation of Heterogeneous Flow in a

Natural Fracture Under Varying Normal Stress[J]. International Journal of Rock Mechanics and Mining Sciences, 1997, 34(3): 227-227.

[25] Ma D, Miao XX, Jiang GH, et al. An Experimental Investigation of Permeability Measurement of Water Flow in Crushed Rocks[J]. Transport in Porous Media, 2014, 105(3): 571-595.

[26] Ma D, Miao XX, Chen ZQ, et al. Experimental Investigation of Seepage Properties Offractured Rocks Under Different Confining Pressures[J]. Rock Mechanics and Rock Engineering, 2013, 46(5): 1135-1144.

[27] Ohnishi Y, Dharmaratne D. Shear behaviour of physical models of rock joints under constant normal stiffness conditions[C]//Proc International Symposium on Rock Joints, Rotterdam: A A Balkema, 1990.

[28] Xie N, Yang J, Shao J. Study on the hydromechanical behavior of single fracture under normal stresses[J]. KSCE Journal of Civil Engineering, 2014, 18(6): 1641-1649.

[29] Wang G, Jiang YJ, Wang WM, et al. Development and Application of an Improved Numeric Control Shear-fluild Coupled Apparatus for Rock Joint[J]. Rock & Soil Mechanics, 2009, 30(10): 3200-3208.

[30] 李博,蒋宇静. 岩石单节理面剪切与渗流特性的试验研究与数值分析[J]. 岩石力学与工程学报, 2008, 27(12): 60-68.

[31] Olsson R, Barton N. An Improved Model for Hydromechanical Coupling During Shearing of Rock Joints[J]. International Journal of Rock Mechanics & Mining Sciences, 2001, 38(3): 317-329.

[32] Méheust Y, Schmittbuhl J. Flow enhancement of a rough fracture[J]. Geophysical Research Letters, 2000, 27(18): 2989-2992.

[33] Méheust Y, Schmittbuhl J. Geometrical Heterogeneities and Permeability Anisotropy of Rough Fractures[J]. Journal of Geophysical Research Solid Earth, 2001, 106(B2): 2089-2102.

[34] 沈洪俊,张奇,夏颂佑. 单条裂隙辐向流试验的初步探讨[J]. 河海大学学报, 1995, 23(2): 94-98.

[35] Tanikawa W, Tadai O, Mukoyoshi H. Permeability Changes in Simulated Granite Faults During and After Frictional Sliding[J]. Geofluids, 2014, 14(4): 481-494.

[36] 郭保华,苏承东. 多级加载下岩石裂隙渗流分段特性试验研究[J]. 岩石力学与工程学报, 2012, 31(S2): 334-341.

[37] Yeo IW, Freitas MHD, Zimmerman RW. Effect of Shear Displacement on the Aperture and Permeability of a Rock Fracture[J]. International Journal of Rock Mechanics and Mining Science, 1998, 35(8): 1051-1070.

[38] 刘才华,陈从新,付少兰. 剪应力作用下岩体裂隙渗流特性研究[J]. 岩石力学与工程学报, 2003, 22(10): 1651-1655.

[39] 熊祥斌,张楚汉,王恩志. 岩石单裂隙稳态渗流研究进展[J]. 岩石力学与工程学报, 2009, 28(9): 1839-1847.

[40] 王刚,蒋宇静,王渭明,等. 新型数控岩石节理剪切渗流试验台的设计与应用[J]. 岩土力学, 2009, 30(10): 332-340.

[41] 夏才初,王伟,王筱柔. 岩石节理剪切-渗流耦合试验系统的研制[J]. 岩石力学与工程学报, 2008, 27(6): 210-216.

[42] Chen X, Zhao J, Chen L, et al. Experimental and Numerical Investigation of Preferential Flow in Fractured Network with Clogging Process[J]. Mathematical Problems in Engineering, 2014, 2014: 879189.

[43] Cao C, Xu Z, Chai J, et al. Mechanical and Hydraulic Behaviors in a Single Fracture with Asperities Crushed During Shear[J]. International Journal of Geomechanics, 2018, 18(11): 4018148.

[44] Cao C, Xu Z, Chai J, et al. Radial Fluid Flow Regime in a Single Fracture Under High Hydraulic Pressure During Shear Process[J]. Journal of Hydrology, 2019, 579: 124-142.

[45] 王者超,郑天,杨金金,等. 岩体裂隙平行流与辐射流渗流特性研究[J]. 岩土力学, 2020, 41(S2): 1-8.

[46] Kumara C, Indraratna B. Normal Deformation and Formation of Contacts in Rough Rock Fractures and Their Influence on Fluid Flow[J]. International Journal of Geomechanics, 2016, 17(1): 4016022.

[47] Ye Z, Liu HH, Jiang Q, et al. Two-phase Flow Properties in Aperture-based Fractures Under Normal Deformation Conditions: Analytical Approach and Numerical Simulation[J]. Journal of Hydrology, 2017, 545(2017): 72-87.

[48] Durham WB, Bonner BP. Self-propping and Fluid Flow in Slightly Offset

Joints at High Effective Pressures[J]. Journal of Geophysical Research, 1994, 99(B5): 9391.

[49] Jones F. A Laboratory Study of the Effects of Confining Pressure on Fracture Flow and Storage Capacity in Carbonate Rocks[J]. International Journal of Rock Mechanics & Mining Sciences & Geomechanics Abstracts, 1975, 12 (14): 55-55.

[50] Nelson R. Fracture Permeabily in Porous Reservoirs: Experimental and Field Approach[D]. Texas: Texas a and M University, 1975.

[51] Kranzz RL, Frankel AD, Engelder T, et al. The Permeability of Whole and Jointed Barre Granite[J]. International Journal of Rock Mechanics & Mining Sciences & Geomechanics Abstracts, 1979, 16(4): 225-234.

[52] Auradou H, Drazer G, Hulin JP, et al. Permeability Anisotropy Induced By the Shear Displacement of Rough Fracture Walls[J]. Water Resources Research, 2005, 41(9): W09423.

[53] Vilarrasa V, Koyama T, Neretnieks I, et al. Shear-induced Flow Channels in a Single Rock Fractureand Their Effect on Solute Transport[J]. Transp Porous Med, 2011, 87(2): 503-523.

[54] Koyama T, Li B, Jiang Y, et al. Numerical Modelling of Fluid Flow Tests in a Rock Fracture with a Special Algorithm for Contact Areas[J]. Computers & Geotechnics, 2009, 36(1): 291-303.

[55] 周创兵, 熊文林. 岩石节理的渗流广义立方定理[J]. 岩土力学, 1996 (4): 1-7.

[56] 速宝玉, 詹美礼, 张祝添. 充填裂隙渗流特性实验研究[J]. 岩土力学, 1994, 15(4): 46-52.

[57] 陈金刚, 刘大全, 张景飞. 充填介质对裂隙渗流影响的实验研究[C]// 第三届全国水力学与水利信息学大会论文集: 河海大学出版社, 2007.

[58] 田开铭, 陈明佑, 王海林. 裂隙水偏流[M]. 北京: 学苑出版社, 1989.

[59] Liu R, Jing H, He L, et al. An Experimental Study of the Effect of Fillings on Hydraulic Properties of Single Fractures[J]. Environmental Earth Sciences, 2017, 76(20): 684.

[60] 潘东东, 李术才, 许振浩, 等. 考虑剪切接触与碎屑充填的裂隙渗流模型 与数值分析[J]. 中南大学学报: 自然科学版, 2019, 50(7): 1677-

1685.

[61] Rong G, Yang J, Cheng L, et al. Laboratory Investigation of Nonlinear Flow Characteristics in Rough Fractures During Shear Process[J]. Journal of Hydrology, 2016, 541(2016): 1385-1394.

[62] Lee SH, Lee K, Yeo IW. Assessment of the Validity of Stokes and Reynolds Equations for Fluid Flow Through a Rough-walled Fracture With flow imaging[J]. Geophysical Research Letters, 2014, 41(13): 4578-4585.

[63] Wang L, Cardenas M, Slottke D, et al. Modification of the Local Cubic Law of Fracture Flow for Weak Inertia, Tortuosity, and Roughness[J]. Water Resources Research, 2015, 51(4): 2064-2080.

[64] Barton N, Bandis S, Bakhtar K. Strength, Deformation and Conductivity Coupling of Rock Joints[J]. International Journal of Rock Mechanics & Mining Sciences & Geomechanics Abstracts, 1985, 22(3): 121-140.

[65] Louis C, Maini YN. Determination of In-situ Hydraulic Parameters in Jointed Rock[J]. International Society of Rock Mechanics Proceedings, 1970, 1(1): 235-245.

[66] Amadei B, Illangasekare T. A Mathematical Model for Flow and Solute Transport in Non-homogeneous Rock Fractures[J]. Int. j. rock Mech. min. sci. & Geomech. abstr, 1994, 31(6): 719-731.

[67] 耿克勤, 陈凤翔. 岩体裂隙渗流水力特性的实验研究[J]. 清华大学学报: 自然科学版, 1996, 36(1): 102-106.

[68] Witherspoon PA, Wang JSY, Iwai K, et al. Validity of Cubic Law for Fluid Flow in a Deformable Rock Fracture[J]. Water Resources Research, 1980, 16(6): 1016-1024.

[69] 王媛, 速宝玉. 单裂隙面渗流特性及等效水力隙宽[J]. 水科学进展, 2002, 13(1): 62-69.

[70] 卢占国, 姚军, 王殿生, 等. 平行裂缝中立方定律修正及临界速度计算[J]. 实验室研究与探索, 2010, 29(4): 19-21, 170.

[71] 速宝玉, 詹美礼, 赵坚. 仿天然岩体裂隙渗流的实验研究[J]. 岩土工程学报, 1995(5): 19-24.

[72] 许光祥, 张永兴, 哈秋舲. 粗糙裂隙渗流的超立方和次立方定律及其试验研究[J]. 水利学报, 2003(3): 76-81.

[73] 柴军瑞,仵彦卿. 变隙宽裂隙的渗流分析[J]. 勘察科学技术, 2000(3): 39-41.

[74] Zimmerman RW, Bodvarsson GS. Hydraulic Conductivity of Rock Fractures [J]. Transport in Porous Media, 1996, 23(1): 1-30.

[75] 陈益峰,周创兵,盛永清. 考虑峰后力学特性的岩石节理渗流广义立方定理[J]. 岩土力学, 2008, 29(7): 1825-1831.

[76] 赵延林,万文,王卫军,等. 随机形貌岩石节理剪切-渗流数值模拟和剪胀-渗流模型[J]. 煤炭学报, 2013, 38(12): 2133-2139.

[77] 朱红光,易成,谢和平,等. 基于立方定律的岩体裂隙非线性流动几何模型[J]. 煤炭学报, 2016, 41(4): 822-828.

[78] 肖维民,夏才初,王伟. 考虑三维形貌特征的粗糙节理渗流空腔模型研究[J]. 岩石力学与工程学报, 2011, 30(S2): 420-429.

[79] 肖维民,夏才初,王伟,等. 基于 Barton 剪胀模型的粗糙节理渗流分析[J]. 岩石力学与工程学报, 2013, 32(4): 814-820.

[80] Brown SR. Fluid Flow Through Rock Joints: the Effect of Surface Roughness [J]. Journal of Geophysical Research Solid Earth, 1987, 92(B2): 1337.

[81] Elsworth D, Goodman RE. Characterization of Rock Fissure Hydraulic Conductivity Using Idealized Wall Roughness Profiles[J]. International Journal of Rock Mechanics & Mining Sciences & Geomechanics Abstracts, 1986, 23 (3): 233-243.

[82] Murata S, Saito T. Estimation of Tortuosity of Fluid Flow Through a Single Fracture[J]. Journal of Canadian Petroleum Technology, 2003, 42(12): 39-45.

[83] Tsang YW. The Effect of Tortuosity on Fluid Flow Through a Single Fracture [J]. Water Resources Research, 1984, 20(9): 1209-1215.

[84] 肖维民,夏才初,王伟,等. 考虑曲折效应的粗糙节理渗流计算新公式研究[J]. 岩石力学与工程学报, 2011, 30(12): 2416-2425.

[85] Walsh JB. Effect of Pore Pressure and Confining Pressure on Fracture Permeability[J]. International Journal of Rock Mechanics & Mining Sciences & Geomechanics Abstracts, 1981, 18(5): 429-435.

[86] Walsh JB, Brace WF. The Effect of Pressure on Porosity and the Transport Properties of Rock[J]. Journal of Geophysical Research, 1984, 89(b11):

9425-9432.

[87] Ruth D, Ma H. On the Derivation of the Forchheimer Equation By Means of the Averaging Theorem[J]. Transport in Porous Media, 1992, 7(3): 255-264.

[88] Panfilov M, Fourar M. Physical Splitting of Nonlinear Effects in High-velocity Stable Flow Through Porous Media[J]. Advances in Water Resources, 2006, 29(1): 30-41.

[89] Tzelepis V, Moutsopoulos KN, Papaspyros JNE, et al. Experimental Investigation of Flow Behavior in Smooth and Rough Artificial Fractures[J]. Journal of Hydrology, 2015, 521(2): 108-118.

[90] Zimmerman RW, Al-Yaarubi A, Chris PC, et al. Non-linear Regimes of Fluid Flow in Rock Fractures[J]. International Journal of Rock Mechanics and Mining Sciences, 2004, 41(SUPPL. 1): 1-7.

[91] Ranjith PG, Darlington W. Nonlinear Single-phase Flow in Real Rock Joints [J]. Water Resources Research, 2007, 43(9): 146-156.

[92] Javadi M, Sharifzadeh M, Shahriar K, et al. Critical Reynolds Number for Nonlinear Flow Through Rough-walled Fractures: the Role of Shear Processes[J]. Water Resources Research, 2014, 50(2): 1789-1804.

[93] Qian J, Zhou C, Zhan H, et al. Experimental Study of the Effect of Roughness and Reynolds Number on Fluid Flow in Rough - walled Single Fractures: a Check of Local Cubic Law[J]. Hydrological Processes, 2011, 25(4): 614-622.

[94] 王媛, 顾智刚, 倪小东, 等. 光滑裂隙高流速非达西渗流运动规律的试验研究[J]. 岩石力学与工程学报, 2010, 29(7): 1404-1408.

[95] 秦峰, 王媛, 顾智刚. 光滑平行板高速非达西渗流实验研究[J]. 三峡大学学报: 自然科学版, 2010, 32(3): 18-21.

[96] Qian J, Min L, Zhou C, et al. Eddy Correlations for Water Flow in a Single Fracture with Abruptly Changing Aperture[J]. Hydrological Processes, 2012, 26(22): 3369-3377.

[97] Boutt DF, Grasselli G, Fredrich JT, et al. Trapping Zones: the Effect of Fracture Roughness on the Directional Anisotropy of Fluid Flow and Colloid Transport in a Single Fracture[J]. Geophysical Research Letters, 2006, 33

（21）：1522-1534.

[98] 肖维民,夏才初,王伟,等. 考虑接触面积影响的粗糙节理渗流分析[J]. 岩土力学, 2013, 34(7)：95-104.

[99] 王如宾,徐波,徐卫亚,等. 不同卸荷路径对砂岩渗透性演化影响的试验研究[J]. 岩石力学与工程学报, 2019, 38(3)：40-48.

[100] 陈春谏,赵耀江,杨阳. 不同加载条件下原煤力学渗流特性试验研究[J]. 煤矿安全, 2018, 49(1)：14-17.

[101] Walsh JB, Grosenbaugh MA. A New Model for Analyzing the Effect of Fractures on Compressibility[J]. Journal of Geophysical Research Solid Earth, 1979, 84(B7)：3532.

[102] 罗吉鹏. 单裂隙辐射流渗流试验研究[D]. 西安：西安理工大学, 2017.

[103] Zhang Z,Nemcik J. Fluid Flow Regimes and Nonlinear Flow Characteristics in Deformable Rock Fractures[J]. Journal of Hydrology, 2013, 477(1)：139-151.

[104] Roman A,Ahmadi G,Issen KA,et al. Permeability of Fractured Media Under Confining Pressure：a Simplified Model[J]. Open Petroleum Engineering Journal, 2012, 5(1)：36.

[105] 徐挺. 相似理论及模型试验[M]. 北京：中国农业机械出版社, 1982.

[106] 周桂云. 工程地质[M]. 南京：东南大学出版社, 2012.

[107] 罗梅. 中国北西部地区地浸砂岩型铀矿床的成矿条件与分布规律[J]. 物探化探计算技术, 1993, 1996(S5)：70-73.

[108] 邵晨霞. 煤矿立井基岩段涌突水事故统计分析及防治水建议[J]. 中州煤炭, 2016, 241(1)：1-4.

[109] 蔡美峰. 岩石力学与工程[M]. 北京：科学出版社, 2013.

[110] 张振营. 岩土力学[M]. 北京：水利水电出版社, 2000.

[111] Cheng H,Zhou X,Zhu J,et al. The Effects of Crack Openings on Crack Initiation, Propagation and Coalescence Behavior in Rock-like Materials Under Uniaxial Compression[J]. Rock Mechanics & Rock Engineering, 2016, 49(9)：3481-3494.

[112] 王小江. 岩石结构面力学及水力特性实验研究[D]. 武汉：武汉大学, 2013.

[113] 张春会,赵全胜,王来贵,等. 三轴压缩岩石应变软化及渗透率演化的试验和数值模拟[J]. 煤炭学报, 2015, 40(8): 68-76.

[114] 姜永东,鲜学福,粟健. 单一岩石变形特性及本构关系的研究[J]. 岩土力学, 2005, 26(6): 941-945.

[115] 朱杰兵,汪斌,邬爱清. 锦屏水电站绿砂岩三轴卸荷流变试验及非线性损伤蠕变本构模型研究[J]. 岩石力学与工程学报, 2010, 29(3): 528-534.

[116] Santarelli FJ, Brown ET. Failure of Three Sedimentary Rocks in Triaxial and Hollow Cylinder Compression Tests[J]. International Journal of Rock Mechanics & Mining Sciences & Geomechanics Abstracts, 1989, 26(5): 401-413.

[117] 邹航,刘建锋,边宇,等. 不同粒度砂岩力学和渗透特性试验研究[J]. 岩土工程学报, 2015, 37(8): 1462-1468.

[118] Gutierrez M, Øino LE, Nygård R. Stress-dependent Permeability of a De-mineralised Fracture in Shale[J]. Marine & Petroleum Geology, 2000, 17(8): 895-907.

[119] Zeng Z, Grigg R. A Criterion for Non-Darcy Flow in Porous Media[J]. Transport in Porous Media, 2006, 63(1): 57-69.

[120] Zimmerman RW, Chen D, Cook NG. The effect of contact area on the permeability of fractures[J]. Journal of Hydrology, 1992, 139(1): 79-96.

[121] 张奇. 平面裂隙接触面积对裂隙渗透性的影响[J]. 河海大学学报, 1994(2): 57-64.

[122] Neuzil CE, Tracy JV. Flow through fractures[J]. Water Resources Research, 1981, 17(1):191-199.

[123] Maini YNT. In-situ hydraulic parameters in jointed rock-their measurement and interpretation[D]. London: Imperial College, 1971.

[124] Iwai K. Fundamental studies of the fluid flow through a single fracture [D]. Berkeley: University of California, 1976.

[125] 曹成. 剪切作用下类砂岩材料结构面力学特性与渗流规律研究[D]. 西安: 西安理工大学, 2018.

[126] Barton N, Bakhtar K. Rock Joint Description and Modeling for the Hydro-thermo-mechanical Design of Nuclear Waste Repositories[R]. Mining Re-

search Laboratory, Ottawa, Canada, 1983.

[127] Shrivastava AK, Rao KS. Shear Behaviour of Rock Joints Under Cnl and Cns Boundary Conditions[J]. Geotechnical & Geological Engineering, 2015, 33(5): 1205-1220.

[128] Barton N. Review of a New Shear-strength Criterion for Rock Joints[J]. Engineering Geology, 1973, 7(4): 287-332.

[129] 李海波,刘博,冯海鹏,等. 模拟岩石节理试样剪切变形特征和破坏机制研究[J]. 岩土力学, 2008(7): 22-27, 33.

[130] Tang Z, Jiao Y, Wong L, et al. Choosing Appropriate Parameters for Developing Empirical Shear Strength Criterion of Rock Joint: Review and New Insights[J]. Rock Mechanics & Rock Engineering, 2016, 49(11): 4479-4490.